JN173614

How to Build Your Own PC Cluster

自作PCクラスタ超入門

前園 涼［著］ Ryo Maezono

森北出版

●本書のサポート情報を当社Webサイトに掲載する場合があります．
下記のURLにアクセスし，サポートの案内をご覧ください．

https://www.morikita.co.jp/support/

●本書の内容に関するご質問は，森北出版 出版部「(書名を明記)」係宛に書面にて，もしくは下記のe-mailアドレスまでお願いします．なお，電話でのご質問には応じかねますので，あらかじめご了承ください．

editor@morikita.co.jp

●本書により得られた情報の使用から生じるいかなる損害についても，当社および本書の著者は責任を負わないものとします．

■本書に記載している製品名，商標および登録商標は，各権利者に帰属します．

■本書を無断で複写複製（電子化を含む）することは，著作権法上での例外を除き，禁じられています．複写される場合は，そのつど事前に(一社)出版者著作権管理機構（電話03-5244-5088，FAX03-5244-5089，e-mail:info@jcopy.or.jp）の許諾を得てください．また本書を代行業者等の第三者に依頼してスキャンやデジタル化することは，たとえ個人や家庭内での利用であっても一切認められておりません．

まえがき

「よそもやってるからシミュレーションを始めてみたいけど、サーバなんか触ったことないし...」と思案中の初学者レベルから、「PC/サーバレベルなら経験があるけど、もっと計算資源を充実させて、シミュレーションを大規模高速化してみたい」と考える層までを対象として、**実験系/産業界の研究実務者に向けたクラスタ PC 自作の実用手引書**として構成したのが本書です。最近は、「実験系論文でもシミュレーションを付してないと採択されづらい」、「シミュレーションで裏付けまで取らないと企画会議で上層部を説得させづらい」といった背景もあるのか、筆者の周りでも実験実務者から相談を受けることが多くなってきています。筆者は元々「**苦手意識ガチガチの大のコンピュータ嫌い**」で、自作なんかは元より 26 歳までブラインドタッチもできず、PC はハードディスクが壊れただけで全部買い替え、ちょっとしたコマンドで解決するトラブルでも出張業者に直してもらうというレベルだったので、本書はまさに「ゼロからの自作」を始めた筆者のノウハウ/経験をまとめた内容で、初学者視点は筋金入りです。

本書が想定する読者対象は「自分でプログラムが組める人」ではなく、「単に商用プログラムをブラックボックスとして使っているユーザ層」です。プログラムの中身など知らなくとも、現在の商用プログラムはプロの手で並列化されたものが数多く出回っています（熾烈な競争原理がはたらく商用パッケージでは実行速度が一つのウリとなりますが、最近ではノートパソコンですらマルチコアですので、並列化対応済みのものがほとんどなのです）。本書は、したがって「自分のプログラムを並列化するためのノウハウ」といったプログラミングの本ではありません（こちらには類書は数多くあります）。「すでにパラレルでも走るバージョンを単に並列化せずに走らせている」、もしくは、「非並列化バージョンを走らせているが、並列化バージョンも入手可能である」という状況にある「プログラミングはしない/できないシミュレーションユーザ」を想定しています（本書が扱う範囲について 1.3.1 項に述べています。図 1.10 参照）。これらのユーザが「自身の保有する並列化版アプリケーション」を「走らせる舞台（計算機資源）をいかに構築/確保/保守するか」について述べたのが本書ということになります。

実験系研究室の研究者や産業界技術者なら、一般に利用が公開されている共用スパコンの利用も検討したことがあるかもしれません。筆者の所属機関には 4 台ものスパコンが贅沢に配されていて、今では実験系研究室からの利用が大半を占めるようになってきました。ただ「これはスパコンなんかじゃなくて、研究室のサーバでやったほうが、待ち時間ない分、早いんじゃない？」と思うような小規模ジョブもたくさん流れています。本書では「**どんな場合には大型共用マシンで、どんな場合なら自作サーバ推奨なのか**」といった比較検討から説き起こして、自作することの利点を述べていきます。自作するときに一番迷う「自作は構築も保守も手間だから、共用マシンを使おう」と思っている人たちに、「共用マシンは実際にはこんなに使いづらい」、「自作の手間を埋めてあまりある研究時間軽減とコストダウン」といった「**初学者にはあまり知られてないホンネの話**」を説き、「作ってみたら手間というより日々の楽しみになった、グループの士気や共通話題も増えて本務も捗った」という、やる気/元気の出る手引書として構成しています。

本書の構成

パーツ選びの手順から設置場所の工夫、保守運用のコツなど、本気で自作を思案中の入門実務者が、「実際に作ってみたときに、どんな風になるのかな」という**具体的なイメージが湧く**ように留意して内容を構成しています。本書では、並列シミュレーションアプリの一例を実際にダウンロードして MPI 並列計算を実行します。この具体的な実習例を通じて、強/弱スケーリングといった並列性能の基本コンセプトや awk/sed/grep などのデータ処理、gnuplot によるグラフ作成といった「他の並列アプリを用いる際にも共通となる基本事項」を自然に体得できる構成になっています。

サーバ設定の章（2 章）は、入門者にとって一番取っ付きにくい **Linux コマンドの自然な入門書**にもなっています。エイリアスやスクリプトを、どういう場面で、どうやって便利に利用するかを具体的な例で追っていくことで、「なぜ、実務者はコマンドラインを好むのか」について、やっているうちに自然に共感がもてるようになるでしょう（筆者もコマンドラインなどは自作するまではロクにできなかったのです）。このあたりの実習内容は、高校生対象のサマースクールを数年間継続開催した経験を反映しています。パーツ知識も Linux 知識もブラインドタッチもできない高校生参加者が、3 日後には「もうマウスは使わない！コマンドラインって、こんなに便利！」と体得するような教程に練り上げた内容になっています。コラムでは、読者に自信をつけてもらうために、「ド素人の筆者が歴代のド素人の所属メンバーたちと、どんな試行錯誤を辿って自作サーバの運用に漕ぎつけたか」といった、筆者研究室の変遷小史を述べています。最終章では、**自**

作クラスタの効率的管理のための押さえどころについて、筆者グループでの経験を反映した内容を盛り込んでいます。

2章の分量がヘビーに見えますが、これはLinuxの初歩導入を含んでいるためです。Linux初心者は一度この内容を通読しマスターすれば、2度目から参照する際には、2章の実質的内容は非常に少ないことに気づくと思います。初心者として2章を読破するのに時間を要したとしても、同じペースで3章以下が進むわけではありませんので安心してください[*1]。逆に2章以降の各章冒頭に掲げられている「本筋以外の初学者向けコンセプト」のリストに目を通すと、並列クラスタ運用に入門する際、「**膨大なLinuxコマンドのうち、どのあたりが押さえどころ（ミニマム）なのか**」を知ることができるようになっています。

2章までで自作サーバの設定を済ませた後、3章では、まず単一サーバ内にある複数の演算コアを用いた「ノード内並列」を行います。この章を通じて「ベンダから提供された並列シミュレーションアプリ」を「**どうやって並列で走らせるのか**」についての基本的な考え方を学びます。続く4章では、いよいよ「サーバを複数台ネットワークでつなげた並列サーバ」上でのノード間並列を扱います。利用の基本コンセプトは「ノード内並列」と変わりませんが、サーバ間を互いに行き来するための**暗証鍵設定**などを新たな技術事項として学びます。この章で学ぶ最も重要な事項は、並列性能評価、つまり「**並列高速化がどの程度効いているかを、どうやって評価するのか**」ということです。その内容は読者が**どのような並列シミュレーションアプリを利用する場合にも共通**となります。

以降の5章～7章の内容は、実習題材によらず「自作クラスタによる並列シミュレーション全般」に共通する運用上の事項を述べています。5章では、複数の演算サーバ群にファイルサーバやルータを加えて遠隔利用と拡張性をもたせることで、個人用の仮拵えから「**グループで保守する並列クラスタへの脱皮**」を図ります。筆者が素人の域から習得した同じ目線で、ルータやファイルサーバに関わるネットワークのコンセプトを学習します。

5章までで「設備/計算資源」としての自作クラスタについて認識が固まったうえで、6章では、もう一段高い階層で商用クラスタやスパコンとの比較対置を論じます。読者にとっては「もっと本格的な大規模計算の世界に漕ぎ出す」ための取っ掛かりとなる内容となっています。7章では「クモの巣を張らせないために」と題して、「**グループでサーバを管理するうえでの人材確保**」といった側面についても論じています。

＊1　英語の習得と似ています。英字新聞の数行を読むのに辞書を引きながら文法を読み解きながらと30分以上もかけていた中学生が、語彙や文法の知識を増やすことで、新聞記事としてスラスラ読めるようになるようなものです。

本書の特徴

並列化に必要な諸概念やLinuxのコマンド群や運用概念などは、カテゴリごとに系統的にまとめて教科書的に記載することはあえて避け、話の流れに沿って必要となった際に出現するようになっています。辞書引き的な読み方ではなく読者の通読を想定した記載になっています。英語学習でいうなら「単語帳でひたすら覚えていくか、長文読解をこなしながら、流れで覚えていくか」の違いに相当しますが、これまでの指導経験からも、後者のほうが高い定着度を期待できます。初学者がLinuxを覚える方法としてコマンドリストの羅列を延々と追っていくのは、退屈でモチベーションが保てず効果が薄いと考えています。

本書では具体的に「並列シミュレーションアプリを走らせたい/ そのための計算資源を構築したい/その資源の効率的な運用を図りたい」といったミッションを提示して、その流れでの必要性に応じて関連知識を増やしていくというスタイルをとっています。ミッション感を伴った「血の通った文脈」のなかで学ぶことにより内容が強く印象づけられると同時に、実習を通じて重要な操作を繰り返すことで習得も速く、確実な知識定着が狙えるものと思います[*1]。習熟に従って今度は「辞書的にリストとして整理して眺めたい」と思うようになればシメたものです。そうした用途の書物は多数出版されていますので、別に一冊もつかWeb上で要領良いサイトを探すことも一手でしょう。

すでにLinuxに覚えのある既習読者に対しては「読み飛ばしてよい節・項」に🔰マークを付してあります。拾い読みをしたい既習者にも配慮し、各章の冒頭と末尾には「本章で導入する基礎コンセプト」と「本章のまとめ」を設けてあります。こちらに先に目を通し、「ん？」と思ったところだけを拾い出して手っ取り早く読んでいくことも可能です。

＊1　多少似た話ですが、量子力学に基づくシミュレーションを研究主務とする筆者の研究グループでは、情報系所属や産業界からの社会人学生など、大学院大学の理念もあって他分野出身者を広く受け入れています。「うちは量子力学やるから量子力学の教科書を読んでおいてね」ではいつまでも話が始まらないので、「実務プロジェクトに参画させ、必要な事項が出てくる都度、習得していく」というスタイルで指導を行っています。

本書で作るクラスタに必要な投資

本書で解説するクラスタ自作にかかるコスト・時間の見積もりを示します。

- 必要なソフトウェア……（筆者 Web サイトなどから）すべて無料でダウンロード
- 必要なハードウェア
  - 単一ノードの作製（2・3 章）……約 8 万円
  - 複数ノードの作製（4 章）
    ……［約 8 万円 ×（演算ノード台数 + 2)]＋[約 2 万円（周辺機器）]

※「+2」はファイルサーバとルータの分の台数が加わるため。

※「周辺機器」とは、ネットワークスイッチ（1 GbE/16 ポート程度 1 台)、ルータ用の別付け NIC(1 GbE)、LAN ケーブル、マザーボード固定用物品（100 円ショップで買える結束バンドと金網、しめしめ（大型の結束バンドと結束器具))、ノード格納用のスチールラックなど。

※たとえば、図 1.7 の写真の 4 ノード構成なら「8 × 6 + 2 = 50 万円」程度で組み上がる。

- 本書の読破（セットアップなど含む）に要する時間……2 週間程度

Linux のまったくの初学者が複数名並走して複数台を組み上げる場合、講師付き実習なら 3 日で 4 章の検証までをこなしました。1 名が本書の記載だけで取り組む場合、パーツ納品待ちを除けば、まったくの初学から単ノード構築習得に 1 週間かかると見積もることができます。ここを抜ければ、複数ノードへの拡張や、5 章のファイルサーバ/ルータの構築は十分速くこなせるので、全部で 2 週間あれば図 1.7 のようなシステム運用に漕ぎ着けると見積もられます。

目次

1 章

自作を選ぶ理由

本章では、シミュレーション実務に対して「どんな立ち位置の人たち」に向けた本なのかを明確にしていきます。まず、スパコンに代表される計算資源について、初学者が陥りやすい盲点について述べます。「パラメタを少しずつ違えたソコソコ規模の計算を大量にこなしたい」という実務的需要を想定し、共用スパコン利用との比較のうえで、並列クラスタ自作がいかに、こうした需要に適したものであるかについて論じます。最後に、そうした目的を踏まえ、本書で構築を目指す自作クラスタ機が備えるべき構成について述べます。

1.1 本当に商用スパコンが必要？

シミュレーションソフトがインターネットで簡単にダウンロードできるようになり、パソコンの性能も向上したので、誰でも適切なアシストさえあればノートパソコン上でもシミュレーションを回せるようになりました。かつては「シミュレーションを専門とするグループで専門的な教育を受けた人」だけがシミュレーションに携わっていたものですが、最近は産業界や実験を専門とする研究者が、「シミュレーション解析も盛り込まないと論文が通らない」とか、「他社がやってそうなので、うちも始めたい」、「シミュレーションで裏付けまで取らないと企画会議で上層部を説得させづらい」といった様々な理由で**専門外からシミュレーションに取り掛かりたい**という希望をもっています。そうした相談事例が持ち込まれることは筆者のもとでも増えています。

「これからシミュレーションを始めたい人」だけでなく、「**これまでにシミュレーションや数値解析で開発・研究を行ってきた人**」からも相談が寄せられることがあります。次に挙げるような実用アプリに習熟したユーザからの、「もっと大規模な計算を行いたいが、PC や単一サーバレベルでしかシミュレーションをやったことがない。使用ソフトの並列化版も公開されているが、並列計算を走らせるにはどうしたらいいか？」といった質問です。

- 流体解析
- 電磁場解析
- 分子動力学法
- 密度汎関数法電子状態計算
- 分子軌道法

  …

こうした商用アプリの並列化版をどう走らせるかが、本書の主題となっています。

シミュレーションの利用促進には国も力を入れていて、京スパコンなどの商用スパコンを共同利用に公開しています。筆者の所属機関にもスパコンがあって、最近では、元々シミュレーションを専門としない実験グループがユーザの大半を占めるようになってきました。シミュレーションが普及し、新しい競争力を身につけて研究活動が促進されるのは大変喜ばしいことです。ただ、スパコンに流れているジョブを見てみると、「そんな大並列多重度で走らせても性能は伸びないのでは」と思われるアプリが走っていたり、「このキュークラス規模でそのアプリを走らせるなら、自作サーバでやったほうが実質的に速いんじゃないの」と思うものが、意外と多く存在します（→図 1.1）。

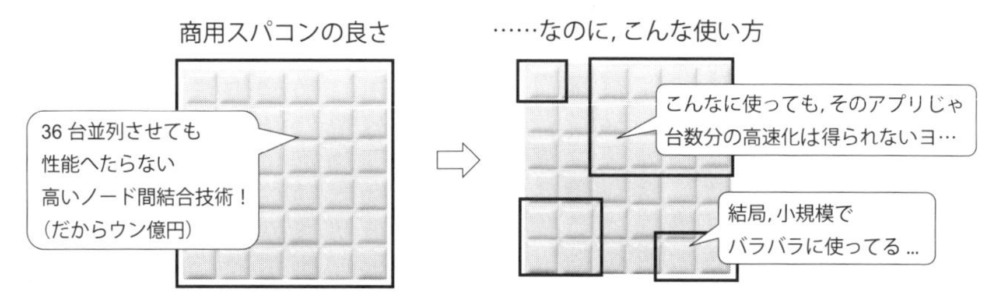

図 1.1 高価な商用スパコンの良さを活かしている？ 高い買い物を無駄にしていないか？

1.1.1 スパコンは本当に速い？

研究室の小規模なサーバより、「世界で何位」というランキングを誇るスパコンのほうが速いに決まってると思われるかもしれませんが、必ずしもそうではないのです。スパコンが「速い」のは、大まかにいえば「一つの仕事を大量の演算コアで分担して処理」するからです。研究室の計算サーバだと、単体での演算コアは、せいぜい 8〜16 個くらいなのに比べて、スパコンの場合、数十万コアくらいあります。世界のトップランキングを競う場合には、これら全体の演算コアを総動員して、決められたテストプログラムを実行して「速い/遅い」を評価します。ただ、そのような「全コア総動員の計算」は、スパコンが機関に納入された際の性能評価時にしか行われず、一般ユーザが、そのような計算を行うわけではないのです。普段は、500 コアクラス、1,000 コアクラスといった複数の利用クラスに分割されてサービスされていて、ユーザはこれを使うことになります。

それでも、「16 コアの研究室サーバより、2,000 コアのスパコンのほうが速いだろう」となりますが、使うプログラムが、「2 コア使うと 2 倍速くなる」、「8 コア使うと 8 倍速くなる」……という調子で、本当に「500 コア使うと 500 倍速くなるか？」というと、これが、そうでもないのです。こういう「コア数に応じた性能向上」のことを「プログラムの並列性能」と呼びますが、100 コアを超えて十分な並列性能を確保できるプログラムは、そうは多くなく、筆者の分野でよく普及している密度汎関数法のソフトでは、16 コアも使うとそれ以上の性能向上はなかなか望めず鈍ってしまうものが大半です。こういうソフトを 500 コアクラスの商用スパコンで走らせているような例も、ごくたまに見受けられますが、下手をすると 16 コアで走らせるよりも、通信コストのせいで、ずっと遅くなってしまっている場合があります。もし、ある程度、自身が利用するソフトが定まっているのなら、そのソフトが「何コアくらいで並列性能が鈍ってくるのか」についてまず意識しておくことが重要になります（→図 1.2）。

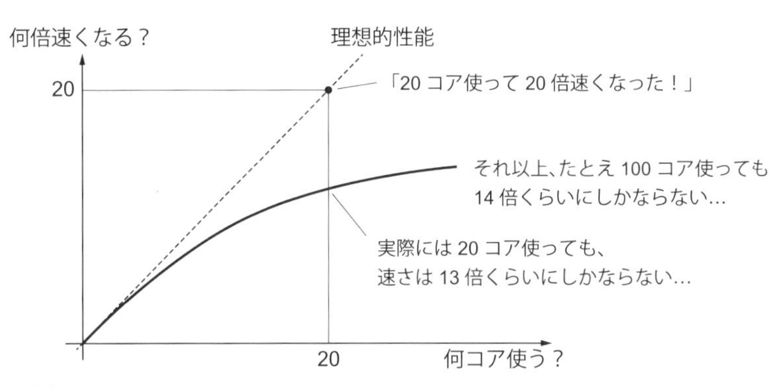

図 1.2　自身のアプリ（ソフト）が、何コアあたりまで「本当にコア数に応じた高速化」が得られるのかについて意識しておくことが重要。

1.1.2　ノード内並列で十分？

多数の演算コアは、ネットワーク通信で結合させて、互いに仕事を分担しています。通常、一つの CPU には、数十くらいまでの演算コアが載っていて、商用スパコンの場合には、この CPU が数個、一つの筐体に格納されています（一方、本書で述べる自作クラスタの場合には、一つの筐体には一つの CPU を搭載します）。この筐体のことを「ノード」と呼びますが、このノードを多数、高速ネットワークで接続したものが商用並列スパコンです。ノード「内」では、メモリアクセスや演算コア間の通信がボードの上に構成されているので、通信が「密結合」で速くなっていますが、ノード「間」の結合は一般的に、スイッチとケーブルで行う「疎結合」で、スイッチの処理速度や、通信の衝突/渋滞といった通信ロスによる性能低下が避けられません。商用スパコンが高価な理由の一つは、このノード間結合での性能低下が抑えられるよう、各社、特別な工夫を凝らしているからです（→6章）。もし、それほど並列効率が高くないアプリ、たとえば、10コア並列くらいで並列効率がヘタってしまう計算をするのであれば、高価なスパコンのノード間並列を利用する必要はなく、ノード内、もっといえば、最も密結合な単一CPU内で済ませてしまうのが一番速いわけです。このような場合、演算性能を求めるのであれば自作クラスタを利用するのが一番速いといえます[*1]。専門外の人にはあまり知られていませんが、スパコンのCPUは、受注してから建設するまでのタイムラグゆえ、1世代古い場合が多いのです。また商用スパコンでは、性能を最大限引き出すためには、コンパイルオプションを徹底して調整するなど（→3.4.1項）よくチューニングしないと、ノートパソコンより演算が遅くなってしまうような「非専門家には、とても乗りこなしにくいCPU」が採用されている場合も少なくありません。そのため、自作でインテルあたりの最新CPUを使うほうが、非専門家にとっては高いノード内性能を得られる可能性が高いのです。筆者の使っているプログラムの場合、単一CPUの性能では、自作よりスパコンが速かったことはありません。とはいえ、ソフトの実行速度は、CPUの演算速度だけではなく、メモリアクセスが律速になっている場合も多く、かつ、大量のメモリを利用する場合、自作で計算しようとすると、メモリ容量に入りきらない情報が、外部ディスクへの遅速なアクセスを経由することになってしまい、まったく性能が出ない場合があります。この点では、商用スパコンは一般に、大容量メモリを密結合で積んでいるので、こうしたケースで格段の威力を発揮します。

1.1.3　スパコンでの順番待ち

以上をまとめれば、**「数百コアでも並列性能が伸びるようなソフト」、あるいは、「大容量メモリの使用が避けられないようなプログラム」でない限りは、あまり高価な商用スパコンを使っても意味がありません**[*2]。筆者が一番の専門にして

＊1　それは当然わかってるけど、それでもスパコンを使おうとしてしまうさらなる理由については1.2.1項で後述します。

＊2　「企業内の小規模サーバで、この計算規模までやってみたが、もっと巨大な規模でやってみたい」などといった利用形態は、正しいスパコン利用の一つの姿といえます。

るシミュレーションは、数万コア使ってもキチンと数万倍性能向上する数少ないアプリになっているので、スパコン利用の常連に名を連ねていますが、そのようなアプリに対してさえも、自作で回したくなるさらなる動機が存在します。それは共同利用時の待ち時間です。筆者所属機関のスパコンはユーザ数が少ないので、ジョブを投入するとすぐ走りますが、京スパコンなど日本の代表的な共用スパコンを使う場合、どうしても共用ユーザ数が多いので、計算を投入しても、走り出すまでに数日かかる場合がほとんどです。そうすると、「所属機関の 500 コアクラスを使うほうが、京スパコンの 4,000 コアクラスで順番待ちをするよりプロジェクトが早く終了する」ということが度々で、スパコンを利用する場合には、こういう事情を勘案した作業立案が重要になってきます。こういう順番待ち *1のことをキュー (Queue) と呼び、上記の 500 コアクラス、4,000 コアクラスといったクラスを、一般にキュークラスと呼びます。自作の場合には、自分だけが占有利用できるので、こうした順番待ちはありません *2。共用の並列マシンを使う場合には、したがって、「どのようなキュークラスが提供されているか」を意識する必要があります (→図 1.3)。

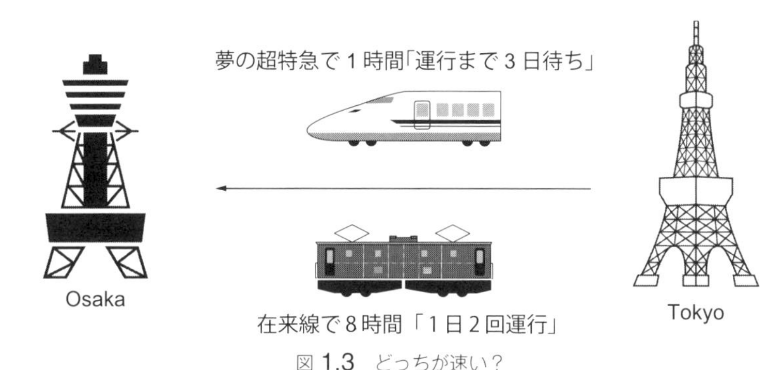

図 1.3 どっちが速い？

キュー制限時間というのも、初心者には意外なネックになります。並列スパコンというのは、「大規模並列でしか実現できない利用事例」を優先するように運用されているので、並列度が高いキュークラスのほうに高い優先度が設定されています。20 コアクラスに投入された計算よりも、500 コアクラスに投入されたジョブのほうが優先されて先に走り出すのです。その代わり、「500 コアも占有しちゃうんだから、1 ジョブの利用は 12 時間以内」というキュー制限時間が設けられて

*1 筆者所属機関がある石川県では、人気店などで行列ができることを、「順番つく」といいます。
*2 大型共用機では、誰の計算が回っていて、誰が順番待ちしてるかを他ユーザが見ることができます。いつも常連で占有しているユーザ名は、恨みを買いやすく、しばしば刃傷沙汰になります（というのは冗談ですが……）。

いて、12時間を超えれば、計算はシステムによって勝手に打ち切られてしまいます。もちろん筆者のような超大規模計算をするプロジェクトでは、一つの計算が通算半年（待ち時間を除いても！）かかる場合もありますから、12時間で終わるわけがありません。大型システムに通暁したユーザなら、12時間以内で一旦、中間ファイルを吐き出すようにして、次の12時間では、それら中間ファイルから計算を継続するというスキル（リジューム/中途からの継続計算）を普通に知っているのでいいのですが、初心者が利用する場合、自身のアプリでのリジューム利用法を知らない場合も多く、「こんな短いキュー制限時間では、自分の計算を回すことができない」と相談を受けるようなこともよくあります。もちろん占有利用できる自作マシンでは、問題なく回しっぱなしにすることもできるのですが、予期せぬ停電などで泣かぬよう、自作マシン上であっても、定期的にリジュームすることをお勧めします。そのために、使用しているアプリでのリジューム利用の知識を身につけましょう。

1.1.4　まだまだあるスパコン利用の盲点

停電に関連して、記憶に新しい東日本大震災の際には、東北大学や東京大学物性研究所の共用スパコンが、計画停電などで、ほぼ１年間ろくに使えなくなってしまい、研究進捗に大幅なあおりを食った研究者も多くいました。平常運転時であっても、大型共用機には「メンテナンスによる利用停止期間」というのがあります。毎月末の週末とか、年度末なら半月ほどシステムが停止してしまいます。これが意外とネックで、この間、計算が進まないことはもとより、ファイルにすらアクセスできなくなるので、大型スパコン上に結果を置きっぱなしにしていると、結果の解析すらできなくなってしまい、研究が止まってしまいます。スパコンを利用する際にも、「キチンとファイルは手元に引き上げておく」ということが重要で、本書で構築するファイルサーバ込みのシステム運用は、このような場合にも威力を発揮します（→ 6.3.2項）。

共用スパコンでの「ガチガチのセキュリティ」というのも初心者を遠ざける大きな要因です。外部共同利用にあたっては、当然、利用申請書の提出が必要です。そうすると、ハガキでパスワードの「上８桁」が送られてきて、メールで通知される「下８桁」と併せて、まず認証サーバにアクセスし、そこから電子証明書を取得のうえ、ポータルサーバにアクセスして利用マニュアルをダウンロードし、そのうえでポータルサーバに認証鍵を登録すると、ようやくログインサーバにアクセスできるようになるといった具合です。しかも３ヶ月ごとにパスワード更新が求められ、意味のある文字列はダメ、それでも何とか考えついた以前のパスワードも、「前と同じものは利用不可」となり、毎度「一つは数字、一つは特殊記号、一つは大文字が含まれる 8 文字以上のパスワード」といったものを捻り出さねばならないといった状況に見舞われます。現代のセキュリティ事情では当然なのかもしれませんが、電子証明書、公開鍵認証といってもピンとこない初心者も多いでしょうし、認証サーバ、ポータルサーバ、ログインサーバと、それぞれの接続先と ID を覚えておくことだけでも大変です。実際、共用機に利用ポイントをもらっても、非専門家の場合、一度もログインすらできずに利用期間が終わってしまう場合もよく見受けられます。利用には課金が伴う場合もあり、仮に課金がなくても、結構な頻度/文量で、利用報告書を提出しなければならない場合がほとんどです（→図 1.4）。

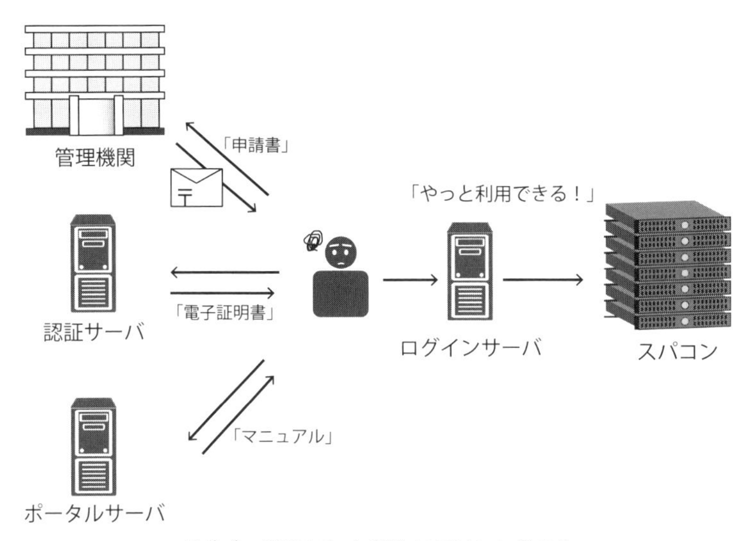

図 1.4 共用スパコン利用までの長～い道のり

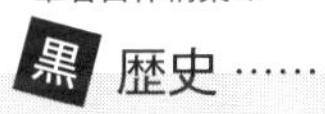

筆者自作構築の黒歴史……　01 — はじめに

筆者グループは「大規模並列計算による物質シミュレーション」を専門としており、訪問者には、大学所有のスパコン群とともに、自作の並列クラスタ機（200 台程度）を見学してもらうことが多い。商用スパコンの外見は小ギレイな普請の「タダの箱」で、大きな騒音と熱風を吹き出しているほか、とくに見ごたえがあるとはいえない一方で、自作クラスタのほうは、保守性とコストパフォーマンスを徹底的に追求した小汚い造りで、剥き出しのマザーボードがチカチカ光り、ファンが唸りを上げて回っているといった実に見ごたえのある絵面になっている。見学者の多くが、つい携帯で写真を撮り、そして大概「あっ、ここって写真撮ってもいいエリアですか？」と聞くものであるが、無論、問題はない。

この自作クラスタ機は、もともと筆者が

2009年頃から、部品の選定/発注、Linux環境の構築運用すべてを自身の手で行いながら、長い時間をかけて保守体制を確立したものである。2008年以前には、自作PCのスキルはおろか、Linux環境の構築に関する知識も関心も皆無で、大学院を卒業するまで、PCに対する苦手意識や嫌悪感がつきまとい、修士課程の中頃まではブラインドタッチさえもできなかった。博士課程を終えて、海外で博士研究員として携わったのが現在の計算物理分野で、以降は、さすがに計算機に対する苦手意識を積極的な興味へと転換して励んできたが、計算機そのものについてはユーザに徹し、環境構築についてはベンダ・エンジニア任せで、自身のノートPCのハードディスクが故障しても「PCが壊れたので全取っ替え」という意識レベルであった。ほんの2008年頃までの話である。本コラムでは、このようなレベルにあった筆者が、現職に着任後「自作クラスタを運用できるレベル」に至るまでの足跡を紹介していく。同じような状況にある読者の参考になれば幸いである。

1.2　自作並列クラスタのススメ

1.2.1　現実のプロジェクトは大量のパラメタ並列

「スパコンは速い」といっても、利用者目線の実際では、「世界ランククラスの速いスパコンほど、概して、待ち時間が長くて『遅い』」という事実を述べました。ほとんどの実務プロジェクトでは、「1本の巨大な計算」が欲しいのではなく、「パラメタを違えた何十通りものソコソコ規模の計算」を大量に並走させられる「パラメタ並列」の計算機資源が欲しいのです＊1。本書で述べる自作マシンは、こうした用途に最適です。とくにノード内並列で済む規模の大量の計算をこなすなら、ノード間の高速結合は問題になりませんから、極端な場合、小分けされた設置場所に分散設置して、定期的に「各サーバのファイル内容」を手元のファイルサーバに同期させておけば、まとまった電源や冷却機器を確保する必要もありません(→図1.5)。大学や企業では、「お金は獲ってこれるが、場所は獲ってこれない」という現実がありますから、このような利用形態は本当に助かります＊2。

1.2.2　本書が述べる自作クラスタ機

そういうわけで本書では、おそらく読者層に一番需要が大きいであろう「大量のパラメタ並列をこなせる計算資源」となるような自作クラスタ機について述べます＊3。並列計算については、ノード内並列だけでなくノード間並列もこなせる

＊1　京スパコンのプロジェクトが始まった当初は、国の威信をかけて「1位にならなければならない」フラッグシップ・マシンの意義の可否もあって、パラメタ並列の資源増強にならない大型プロジェクトに冷淡な研究者も多かったのです。

＊2　筆者は国立研究所や大学で研究してきましたが、とくに若手のときには場所を頂くことは至難の技で、このことを痛感したものです。

＊3　なお、本書ではグループ共有の計算資源として単一アカウントで運用することを念頭に記載しています。筆者グループでも複数アカウントによる運用は行っていません。

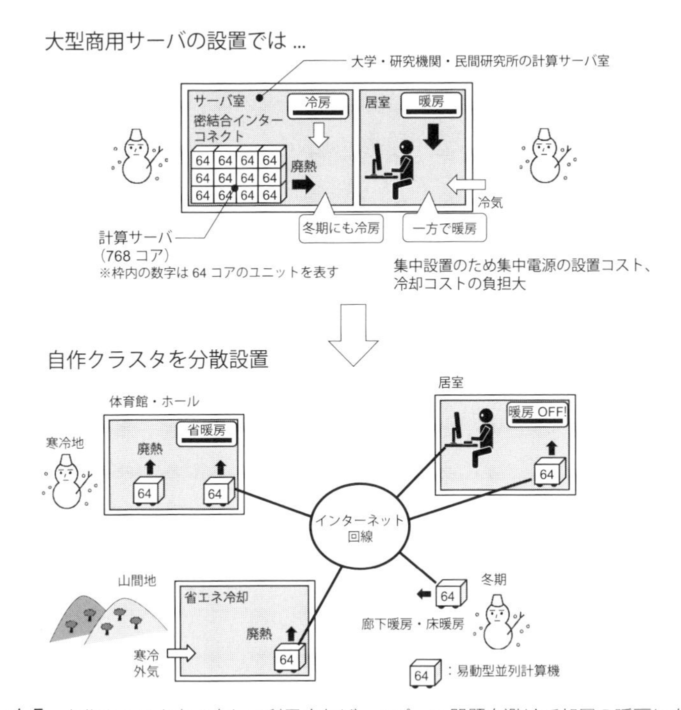

図 1.5 自作クラスタを工夫して利用すれば、スペース問題を避けて部屋の暖房にも？

ようなシステムとします。段階的な拡張が可能なのも自作クラスタの大きな利点です。クラスタの単ノードは 8 万円程度でできてしまうので、いきなり大きな初期投資をしなくても、数十万円規模の小規模な予算がぽつぽつと手に入るたびに、ノードの数を漸次増やしていくことができるのです。走らせるシミュレーションアプリとしては、本書の 3 章以降で並列性能をわかりやすく説明するため、並列性能が非常に高い「量子拡散モンテカルロ法のソフト」利用を例示していますが、筆者らが実用で運用しているのは、密度汎関数法や分子軌道法といった材料科学系のシミュレーションソフトです。流体計算や電磁場解析、あるいは、スピン系の模型シミュレーションなど何でも構いません。「広く流通していて、それほど並列性能は伸びない、スパコンを使うほどではない、パラメタ並列したい」、そういったソフトを、ノード内並列、もしくは、少数のノード間並列で使う状況を想定しています（もちろん並列性能の高いソフトでもスパコンより自作クラスタにメリットがあるなら OK です）。

仮にノード間並列をまったくせず、すべてノード内並列で運用するとして、演算ノードが 2 台、3 台、……と増えていった場合、どのような運用をしたらいいでしょうか？ それぞれ単純に独立で運用して、すべてのノードにキーボード/

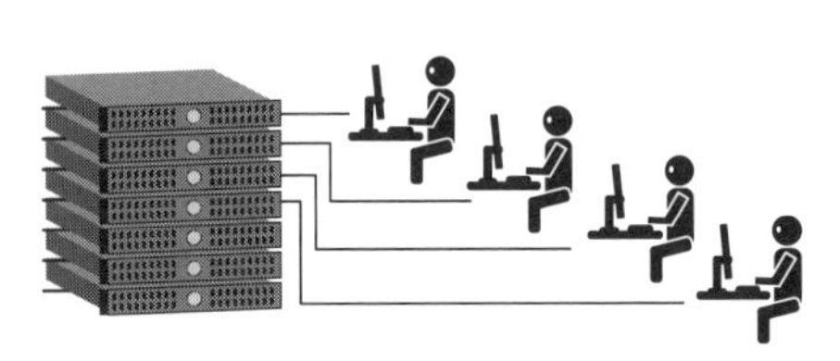
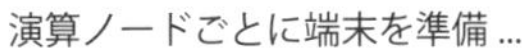

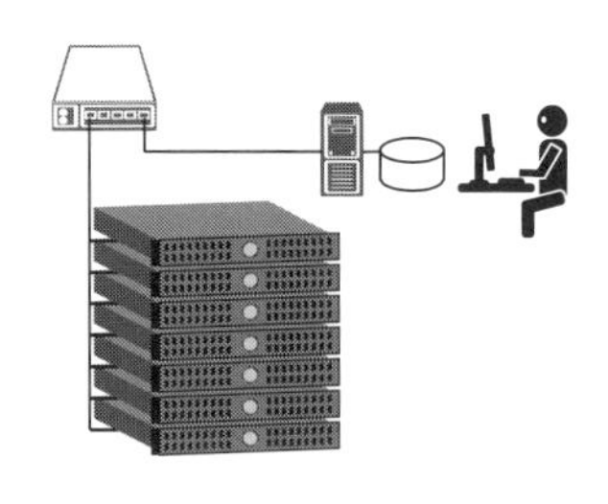

（a）非効率な構成拡張　（b）効率のよい構成拡張

図 1.6　操作用端末は一つにし、そこから多数の演算ノードを統べる構成にする。

モニタ/マウスを接続するのは少し非効率です。演算ノードでは計算だけが回ればいいのですから、それを操作する端末は一つでいいでしょう。そこで、統合端末を 1 台設け、ネットワークスイッチに統合端末と演算ノード#1、演算ノード#2、……と吊るしていけば、しかるべき設定をすることで、統合端末から各演算ノードにログインできるようになります（→図 1.6）。この構成で一番単純な使い方というのは、「統合端末から『計算すべき入力ファイル』を『利用する演算ノード』に転送しておいて、利用の際には、都度、当該演算ノードにログインして演算を行う」というものです。筆者も一番最初に作ったのは、こういう原始的な形態のものでしたが、これでは、演算ノード#1 で行った計算を、演算ノード#3 に引き継いで利用する場合、毎度、演算ノード間でファイル転送を行わねばなりません。それに、「あの計算は、どこでやったっけ？　#3 だったかな？　あれ、ないな？　#9 だったかな？……」と、ファイルの逸失が生じがちになります。そこで、「共通のファイルサーバ」を準備し、しかるべき設定を施してやることで、す

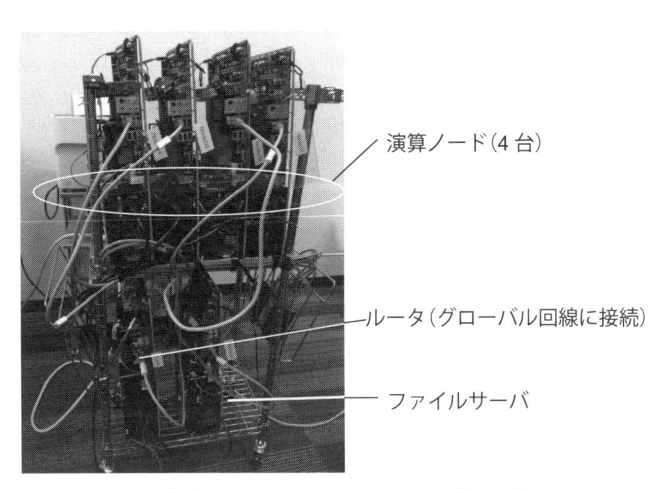

図 1.7　本書で構築する並列クラスタ機の構成

べての演算ノードが、このファイルサーバ上の入出力ファイルに読み書きする形で運用することができます。シミュレーションに用いる入出力ファイルは大切な研究ログですから、この形であれば逸失を防ぐこともでき、また、ファイルサーバだけを対象にキチンとバックアップをとることができます（→図 1.7、1.8）。

本書では、したがって「**共有ファイルシステムを有するクラスタ群。演算ノードは、ノード内並列でもノード間並列でも使える**」といった形態のクラスタ構築を目指します。最終章の「さらに進んだ話題」で述べますが、筆者らのグループでは、この統合サーバ上で、スクリプトやエイリアスといった技術を駆使することで、自作演算ノードの使用とまったく同列のやり方で、所属機関内の複数のスパコン、および、国内、海外の複数の共用スパコンへのアクセス、ジョブ投入、ファイル管理といった操作を、まったく同一のコマンド体系で行えるような効率的運用を実現しています。

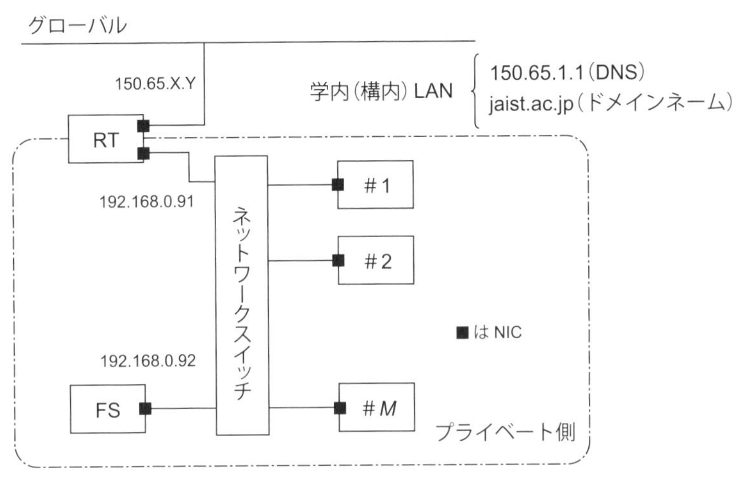

図 1.8 本書で構築を目指すクラスタの構成図。ルータ (RT) を介して学内（構内） LAN から遠隔操作/管理が可能で、M 台の演算ノードがファイルサーバ (FS) のファイル領域を共有して読み書きを行う。書き込んである IP アドレスなどについては次章で詳述。

1.2.3 なぜ LinuxOS なのか？

自作クラスタなどサーバ運用は LinuxOS で行うことが一般的です。LinuxOS は、一部の商用版を除けば原則無料なので、システムが何台に増えようと、比例してライセンス料を支払う必要もありません。お金のことよりも重要なのは、保守管理や利用用途に応じた改変が容易で柔軟だという点にあります。Mac や Windows といった「商用/中身秘匿の OS」と違い、オープン OS として発展した歴史的経緯から、中身がすべてわかりやすく見えており、すべての設定は「ファイル上にテキストで書く」というシンプルな形でなされているので改変が容易なのです。もっと実務上の観点でいえば、エラーなどで困ったときには、エラーメッセージをそのままカット・アンド・ペーストしてグーグル等で検索すれば、大概は解決法を述べたページが見つかるというくらい汎用的に使われています。それに、Mac や Windows のように、バージョンアップのたび大幅に方式が変わるということもありません。「各種設定ファイルがどこにあって、どういう記述になっているか」という根本的な仕様はほとんど変わることがありません。

tips ▶ 昔、メキシコを旅行したとき、タクシーがほとんどワーゲン・ビートルだったので、「あれは、なんでだろ」と地元の人に聞くと、「構造がわかりやすく、エンコしても自分で修理できるから」と教えてもらったことがありますが、これと話が似ています。逆に商用 OS というのは、「誰にでも使いやすく」を目指していて、最近の自動車と同じで「中身が見えない、中身を意識しなくても使える」という方向に向かいますが、故障したら「ユニットごとに総取っ替え」ということになってしまうわけです＊1。

「LinuxOS を使う」と決定しても、その下にさらに「**どのディストリビューションを使うか？**」という問題があります。ユーザが実際に選定に迷うのはここです。ディストリビューションとは、ユーザが実際に手にする「頒布形態の様々な流儀」のことで、具体的には「CentOS 使ってる？」、「あ、うちは Fedora」、「うちは Ubuntu」といった派生流儀があります。Wikipedia で「Linux ディストリビューション」の項目を見ると、「歴史的にどう派生していったか」についての膨大な樹形図を見ることができます。本書では Ubuntu を利用しますが、筆者の自作サーバではこれまで、その時々の事情から、構築した当初は「32bit 版が Fedora しかなかった」という理由、次には「PXE によるディスクレス・ブートの設定が一番ラクだった」という理由で CentOS、そして今は、「回したい物性計算のインストールが一番ラクだから」という理由で Ubuntu に乗り換えています。ディストリビューションごとに細かな操作は違うので、初心者は、その細かな違いに目を取られがちですが、「大切なのはコンセプト理解」です＊2。一つのディストリビューションに習熟すれば、別のディストリビューションに移っても、「ああ Cent の場合のアレは、Ubuntu の場合にはココなのか」と理解することができるものです。

＊1　別のたとえを用いるならば、麻婆豆腐を作るのに市販のソースで作るか、豆板醤/甜麺醤/ニンニクや生姜を刻んで作るかといったところか。ぜひ、別のたとえを考えてみてください。

＊2　本書を通じての理念であり、高等学校の「情報」で何を教えるべきかもここに尽きると思っています。

tips ▶ 車を運転するのにも、細かな方式の違いで「ホンダで始めたら、ずっとホンダじゃないと不安だな」と思ってるようなものですが、実際、筆者も、こういう初心者の不安というのは経験していて、初めて使ったスパコンが、海外の地でクレイ社のスパコンだったので、「帰国してもクレイのスパコンがあるところでの利用を確保しないと」と思ったものです＊1。実際には何かの機種でコンセプトを習得すれば、機種が変わっても対応物を追うことができるので、さほど問題にはならないのですが、こうした見かけ上の差異というのは初心者にとっての不安要素には違いないものです。

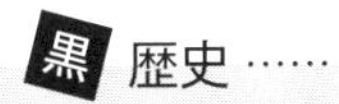

筆者自作構築の黒歴史……

02 — ベンダによる支配

前職の国立研究所の研究部門には、グループ保有の高価なシミュレーション用サーバが数台あって、利用を通じて管理・保守にも携わることになったが、筆者は当時、コマンドパスのことすら知らず、「なぜ、こちらのマシンではこのコマンドが使えるのに、このマシンでは使えないのか？」という質問をしては、単にエンジニアに直してもらうという程度の知識レベルであった。管理・保守といっても、法定停電時のシステム・シャットダウン時に「ベンダが準備してくれた丁寧な手順書」に従って、意味もわからずコマンドを打ち込んで、シャットダウンと停電後の起動を行うという程度の話である。

研究予算でメモリ増設を行ったことがあった。それまで、個人PCでのメモリ増強の意味やメモリ拡張作業くらいは自身で行ったことがあるので（といってもMacのデスクトップ機くらいであるが）、大方のイメージはわかっていたが、研究グループのサーバはベンダと保守契約を結んでおり、勝手にメモリ増強作業を行うことはできない（勝手にやると数十万の保守契約が無効になってしまう）。当然、純正品を調達の上、ベンダ・エンジニアに出張してきてもらっての保守作業となり、オンサイトの出張費用が10万円、純正品が数10万円となるので、メモリ拡張でも50万近くは飛んでしまう。当時、「研究室単位での自作クラスタ」という話題でWeb上にもコンテンツが出始めていたので、大方のコスト目安を知ることとなり、そうすると、こうしたベンダ任せの出費が少しムダに感じ始めるようになった。

別予算で新規にサーバを購入することになり、筆者が大きな計算を手がけていたこともあったので、その調達に携わることになった。数百万の予算があったが「ベンダの手厚い保守で導入されるサーバ」の場合、2005年当時では「小ぎれいなラックに美しく収まった8並列（トータル8コア）程度の並列環境」が買える程度であった。当時でも「数百万かけてわずか8並列」というのは「ちょ

図 1.9 小規模予算で徐々に演算ノードを買い足して、ここまで大きくなる。段階的な設備投資が可能という点は、自作並列機の一つの利点。

＊1 それが縁で現所属機関に着任することになった。

っと高すぎだな」という印象であったし、「ディスクはSAS、スイッチはインフィニバンド、ケーブル配線にかかわる部材はすべて純正品」という構成に対し、「私の計算ではSASディスクやインフィニバンドはあまり機能しないので、代わりに並列多重度を増やしてほしい」と嘆願しても、「ベンダとしては、これしか提供していない」とニべもなく、ベンダ任せにする限り仕方ない話なのであった。数十万円の保守契約は「必ず抱き合わせ」となっており、予算をもっと有効活用するには、もう少し筆者自身の何らかの精進が必要な気がしてきた時期であった。

1.3 並列シミュレーションに移行する流れ

1.3.1 本書が扱う範囲

「まえがき」にも述べましたが、本書では**「すでにパラレルでも走るバージョンを単に並列化せずに走らせている」、もしくは、「非並列化バージョンを走らせているが、並列化バージョンも入手可能である」という状況にある「プログラミングはしない/できないシミュレーションユーザ」を想定しています。**これらユーザが、「自身の保有する並列化版アプリケーション」を「走らせる舞台（計算機資源）をいかに構築/確保/保守するか」について述べています。

本書ではハンディな題材として量子拡散モンテカルロ法のパッケージ「CASINO」を用いて各種コンセプトや性能評価のやり方を述べていきますが、図1.10に示し

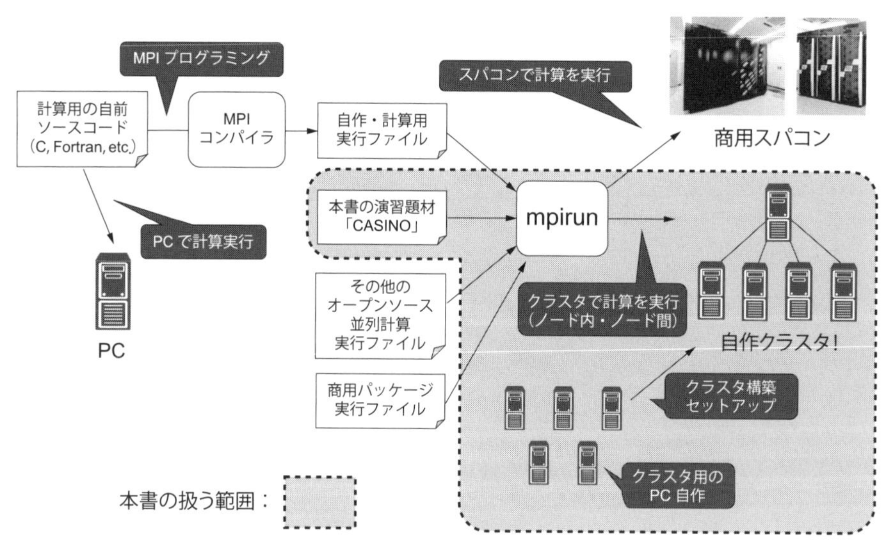

図1.10 本書がカバーする範囲の概念図。「MPI プログラミング」などプログラムのなかをいじるレベルの話題ではなく、商用の並列化版シミュレーションソフトを「迎え入れる」ための計算機環境をどう構築するか、どう利用するかといった内容を講じています。

たように「並列実行可能な実行ファイルの形式」になっていれば、実行手順はアプリによらずすべて共通となります。流体や電磁場解析での著名な商用ソフトはほとんどが「並列実行可能な実行ファイル形式」を提供しており、これを mpirun というコマンドで呼び出して実行します。

1.3.2 並列シミュレーションに移行する流れ

並列実行を目指してユーザがとるべき具体的手順ですが、ユーザの「使用アプリ」が商用並列化版となっているのであれば、自身のサーバ環境（演算サーバが何台あって、それらに、どのようなラベル付け（IP アドレスやサーバ名）がなされているか）を把握したうえで、それに合わせて、4.3.1 項に述べる「マシンファイルの編集」を行えば、あとは「`mpirun` [アプリ名]」という汎用的な使い勝手で並列シミュレーションが走るという段取りとなります。

この使い勝手は商用スパコンを使う場合も変わりません。**本書で「自作クラスタでの運用概念」を習得すれば、商用スパコンの利用へと自然に進んでいくことができます**。このあたりの導入は 6 章に詳しく述べています。

各分野で用いられる並列シミュレーションアプリとしては、たとえば以下のようなものが挙げられます：

- **流体解析**
  「Fluent」（Web サイトによれば 1,000 並列くらいまで並列性能がリニアに伸びる）や「PHOENICS」（MPI 並列対応）。
- **電磁場解析**
  「XFdtd」（標準で 8 コアまでの並列は標準装備）。
- **分子動力学法**
  「LAMMPS」など多数が MPI 並列対応。
- **密度汎関数法による電子状態計算**
  「QuantumESPRESSO」、「WIEN2k」、「VASP」など多数が MPI 並列対応。
- **分子軌道法**
  「Gaussian 09」、「GAMESS」など多数が MPI 並列対応。

このように、多くの分野のシミュレーションソフトで、並列化が標準搭載されているのです。

本章のまとめ

- 本書は「自身の主務（実験/産業応用）の説得力アシストにシミュレーションを身につけたい非専門家層」や「PC や単一サーバでの商用アプリシミュレーションの経験はあるが、並列化版活用のスキルを身につけ、大規模化/高速化に取り組みたい開発研究者層」を読者層に想定している。

- 商用スパコンは「M 台の並列コアを使って、M 倍の高速化が得られるようなソフト」に有効だが、大方のソフトは、必ずしもそうはなっていない。

- 商用スパコンでは、演算コア性能ではなく、ノード間結合やメモリの事情にお金をかけている。「パラメタを少しずつ違えた、ソコソコ規模の計算を大量にこなしたい」という場合には、本当に高価なスパコンを利用する意味があるかを再考する必要がある。

- 商用スパコンは通常、共同利用され、利用者は順番待ちで時間をとられる。また、ジョブ制限時間、メンテナンスによる利用停止期間、厳しいセキュリティによる「ログインまでの長い道のり」といった難点が存在する。

- 本書で述べる自作クラスタは、大量のパラメタ並列に向いている、分散設置可能、段階的な演算ノード拡張可能といった利点をもつ。遠隔ログインや共用ファイルサーバの機能を備え、LinuxOS で運用される。

2章

まずは単体ノードを作ってみよう

本章では、ネットショッピングなどでパーツを買い揃える計画から始めて、これらを組み上げたうえで演算ノード単体として設定するまでの流れを述べます。本書の特徴として、Linux を初めて学ぶ人々がオペレーションの基礎や概念導入を行いながら、サーバの設定手順を進めることを想定した構成になっています。す

▶ この章で扱う内容

- **ネットワークの計画策定**
  設置に先がけて演算サーバに割り振る IP アドレスの計画を立てます。同時に「構内ネットワーク接続の基本情報」をあらかじめ調べて把握しておきます。
- **サーバ設定用ファイルセットの入手**
  自作サーバを設定するために必要となる一連のファイル資材（筆者提供）をインターネット上からダウンロードします。
- **必要なパッケージのダウンロード**
  サーバ設定用ファイルセットを利用して、サーバ設定のための環境をネットワークダウンロードで整えていきます。
- **ネットワークの設定**
  サーバの IP アドレスなどを呼応する設定ファイルを編集することで設定し、コマンドを利用して変更を反映させます。
- **プライベート側の DNS 代替**
  将来的に演算ノードを複数台並列設置するために、各サーバ名と IP アドレスの対応が記載されたファイルをシステム上のしかるべき場所に配置し、コマンドを利用して変更を反映させます。

本章で導入する本筋以外の初学者向けコンセプト

- □ ネットワークの基礎知識 (IP/DNS/Gateway/MAC)
- □ BIOS モードの利用
- □ ディレクトリ構造
- □ パッケージ管理ソフト
- □ ルート/スーパーユーザ
- □ スクリプトの利用
- □ ファイルパーミッション
- □ エディタによるテキスト編集

でにLinuxに習熟されている読者については、2.4節からの記載内容は、かなり冗長な初等的内容となりますので、とくにのマークを付した項は読み飛ばし、本章末尾の「本章のまとめ」に進んでもらって構いません。あるいは、指導者として初学者にLinux導入する際のテキストとして目を通してもらってもよいでしょう。初心者も一度通読して内容を把握したら、次回以降「演算ノード設定作業マニュアル」としては「本章のまとめ」だけを参照すれば大丈夫です[*1]。

2.1 パーツの準備

2.1.1 マザーボードから選ぶ

自作サーバを作る際、中心となるのがマザーボードです。通称、マザボと呼ばれるので、本書でも以降、そう呼ぶことにします。マザボ上に、CPU、メモリ、ハードディスクを接続すると、自作パソコンが出来上がります（→図2.1）。筆者の自作実務経験上、マザボが「購入での一番のネック」といえます。CPUは手に入っても、「マザボの数が確保できない」、あるいは、「マザボが廃盤になって入手が難しい」という目に遭うことが多かったので、ここでは「入手が確実そうなマザボを選ぶ」というところからパーツ確保を行います。

アマゾンなどの通販サイトで、「マザーボード」の商品検索をすると、たくさんの機種が検索にかかってきます。このなかで、「一番、出回ってるマザーボード」に載るCPUを選ぶのが、初心者には現実的な選び方といえます。本書では、一番品揃えがありそうな「インテルのCore i7-6700用のマザーボード」を選ぶことにします。逆に、「科学技術用計算だから高性能CPUがいいのだろう」ということで、たとえば、「インテルの高性能機種であるXeonを使いたい」といった具合にCPUから選んでしまうと、アマゾン検索でわかるように、Xeonを積めるマザボは、ずっと数が限られてきます。本書での自作のモチベーションというのは1.2.1項の「パラメタ並列」で述べたとおり、ソコソコの計算性能をもったサーバ資源を大量に保有することなので、**CPUの性能もソコソコで十分です**。アマゾンで大量のチョイスが出てくるというのは、自作する層が欲しがるCPUとして、一番大きなマーケットが成立しているということです。ゲーマーなどの自作層というのは、コスパを勘案しながら性能を欲しがる層といえるので、ゲーマー・マーケットに乗っかるのが初心者には楽な選択といえるでしょう。

マザボを選んでしまうと、CPUやメモリは、呼応して大方決定されてしまいま

＊1　長々と本章で述べた内容は、習熟者にとっては「本章のまとめ」の分量で済んでしまうのです。

図 2.1 パーツ 1 式。左から電源、CPU ファン、CPU 本体、メモリ 4 枚、ハードディスク、マザーボード。電源は後述するようにメッシュに結わえ付けている。

す。CPU はクルマと同じで、「メーカ/ブランド/グレード」(たとえば、トヨタ/クラウン/XX クラス) といった具合に規定されて、今の例では「インテル/Core i7/6700」となります。いい機会なので、CPU を作っているメーカにインテルのほか、どんなメーカがあるのか興味をもって調べてみるとよいでしょう。自作用途の場合には、現実的にはインテルか AMD かといったところになります。インテルに絞れば、そのブランドには Xeon、Core i7、Core i5、……といったものがあります。「インテル/Core i7」のなかにも 6700 のほか、6700K とか、6900 といった上位機種や、オーバークロック [*1] できる機種もありますが、ここでは無難に 6700 としました。パーツ選定で大切なことは、結婚式のオプションのように「折角だから」と欲張らないことです。自作並列の場合、ノード数を徐々に増やすことになるので、管理上、パーツが統一されていることが望ましく、1 台 1 台をできるだけ安く作ることが重要です。この点、「1 点もの」の「オレ専用マシン」の自作とは意識を切り替えて、あまりこだわらずにコストを削ることが肝要です。1 台 1,000 円削れば、100 台で 10 万円も違ってきます。単体性能を若干高めることよりも、「安価に、より多くの演算コアを確保」を優先します。

さて、「インテル/Core i7/6700」用のマザボに話を絞り、アマゾンで候補に挙がっているいくつかの機種のスペックを見ると、

- フォームファクタ / ATX

＊1 CPU を定格の周波数以上で動かすこと。

- ソケット / LGA1151
- チップセット / Intel H170 Express
- メモリ / 4 × DIMM DDR4 2133 （最大 64 GB）
- 拡張スロット / PCIe3.0x16 × 2……
- 映像出力 / HDMI, DVI-D, D-sub
- LAN / 1xLAN(RJ45)port

といった記載事項が読み取れます。ATX というのは、ボード寸法の規格で、ATX のほかに、mATX（マイクロ ATX）などがありますが、ここでは一番流通している ATX 規格を使います。筆者のグループでは、後述する「PC ケースを使わない組み上げ」でスペースを食わないという理由から mATX を使ってきましたが、ATX よりも「ボード上にコンパクトに機能をまとめ上げている」ため、最新 CPU が登場した際、対応品の発売が ATX より遅くなる傾向があることや、同じ値段出したときのスペックが落ちる、生産終了となるピッチが早いなどの理由もあり、ここでは、無難な ATX を選びました。

次に「ソケット/LGA1151」ですが、これは別途購入した CPU を「挿し込む」ためのソケット形状のことです。CPU の機種や世代によってソケット形状が異なるので、後で CPU を購入する際に、再度、キチンと整合するか注意を払う必要があります。「チップセット/Intel H170 Express」というのはマザボのグレードを決める要因で、ここでの例だと「H170」のほかに、上位機種の「Z170」などがあります。これは、ざっといって、マザボ上に搭載されている制御チップのグレードを表していて、このグレードにより「より最新でアクセス速度の高いメモリが使えるよ」といったことが決まってきます。ここでは「無難/倹約路線」をとって、より安価な H170 とします。その他のスペックである映像出力や拡張スロット、LAN ポートなどについては、ここでは詳しくは触れません[*1]。最後に「メモリ/4 × DIMM DDR4 2133（最大 64 GB）」の部分ですが、ここの記載で「自分が買うべきメモリの規格」と、「何枚載せられるか、1 枚あたり何 GB のメモリを買うべきか」が決まります。「なるべくたくさんメモリを積みたい」という場合、安直には「16 GB のメモリを 4 枚挿し」できそうな気がしますが、これについては、マザボの製品ホームページにいって、注意深く但し書きを読むことをお勧めします[*2]。

---

*1 稀に映像出力がないマザボもありますが、この場合には、グラフィックボード（安価なもので 3,000 円くらいから）を別買すれば対応可能です。

*2 筆者の過去の経験で、「ただし 64 GB 使う場合には、片面実装 16 GB しか使えない」とあり、片面実装 16 GB などといったメモリは、当時、非常に高価で現実的でなかったという失敗談がありました。

2.1.2 CPU など各種パーツの購入

マザボが決まったことにより「使用できる CPU やメモリ」が大方決まりますので、アマゾンなどで、これらの購入を進めましょう。

- CPU

  たとえば「Core i7/6700」を購入しようという場合には、念のためマザボ側の諸元（スペック）で「Core i7/6700 対応」の文言があるかどうか、また、CPU 側では「マザボ側のソケット規格：LGA1151」と整合しているかどうかをチェックのうえ、購入します。

- メモリ

  マザボ諸元にあった「DDR4 2133」をアマゾンで商品検索すると、いろいろなメモリ容量のものが出てきます。ここでは「8 GB のメモリを 4 枚挿し」として「8 GB の 2 枚セット」を 2 式購入します。

- 電源

  「ATX 電源」というキーワードでアマゾンで検索をかけると品揃えが出てきます。最近の CPU は非常に省電力になっており、400 W もあれば十分ですので＊1、あまりこだわらず、安めの電源（数千円程度）を購入しましょう。

- HDD

  「3.5 インチ hdd」でアマゾン検索すると商品ラインナップが出てきます。「3.5 インチ」というのは寸法規格のことで、3.5 インチの代わりに、より小型の 2.5 インチという手もありますが、「回転数に呼応するアクセス速度の性能」に対するコスパは 3.5 インチのほうがいいのでこちらを選びました。アクセス速度という意味では、HDD の代わりに SSD（アクセスがより高速な半導体ディスク）とすることも可能ですが値段はぐっと高くなります。

HDD/SSD について、もう少し注釈しておきます。筆者が専門とするアプリケーションでは、アクセスパターンの都合からか、SSD に換装しても、さほど演算性能は上がりませんでしたが、アプリによっては性能向上が期待できるかもしれません。容量については 250 GB 程度で十分ですが、筆者グループでは利用するアプリの都合で計算ファイル一式を各演算ノードの個別ディスクに一旦転送して計算したほうが（このやり方をステージングといいます）性能が向上することがあるので、少し大容量にして 1 TB のものを購入しています。

＊1 筆者が自作した当初の「第一世代 Core i7」は、随分と電気を食い、4 台分で 20 A は確保しないと、計算が走り出すとブレーカが落ちたり、マザボの電源ソケット部分が火を吹いたりしましたが、第 2 世代以降で、どんどん消費電力が落ちました。

HDDやSSDを購入するうえで注意すべきは「インターフェイス/SATA3.0」のものを購入することです。SATAとは「マザボとHDDを接続する端子の形状規格」のことで、購入するHDDの端子形状もSATAとなっていることを確認します。「3.0」というのは、SATA規格でのバージョン3.0のことで、転送速度6 Gbps＊1が可能な規格です。以前のSATA2.0では転送速度は3 Gbpsでした。USBにも「USB2/USB3」といった規格バージョンがありますが、いい機会ですので、ご自身が普段使っているUSBや無線LAN、サンダーボルトといった通信ケーブルの転送速度規格というのをグーグルなどで調べて比較してみるとよいでしょう。

HDDの諸元にはほかに「回転数/7200 rpm」というのがありますが、ものによっては5400 rpmといったものもあります。性能を重視するのなら回転数が高いものを選ぶべきですが、低消費電力を謳って回転数を落としているものもあります。たとえば、WD(Western Digital)というメーカで見てみると、「信頼性/消費電力/パフォーマンス」の組み合わせによるバリエーションとして、「ブラック/レッド/グリーン/ブルー」といったいろんなエディションを揃えています。消費電力を気にしなければ、パフォーマンスが高く、かつ、信頼性はソコソコの価格帯のものを選べばよいでしょう。

下記は少し古いですが、第4世代のCore i7で取り揃えた際の物品購入リストです。

表 2.1　単ノードパーツの購入例

パーツ名	製品名	購入価格
CPU	Intel Core i7 4771 BOX	31,511円
マザーボード	ASRock H87 Pro4	8,063円
メモリ	UMAX Cetus QCD3-16 GB-1600OC [DDR3 PC3-12800 4 GB 4枚組]	17,520円
電源	KEIAN BULL MAX2 KT-520RS2	2,960円
ハードディスク	WESTERN DIGITAL WD2000JS (200G SATA300 7200)	3,980円
LANケーブル	ETPC5E2SKA (2 m)	120円
ネットワークスイッチ	PLANEX FXG-08IM3	3,059円

この構成で得られる理論性能は896 GFLOPSとなりますが、購入金額は4ノード総額で30万円以内に収まり300円/GFLOPSとなります。一方、商用スパコンでは、この当時で「GFLOPSあたり1万円弱から」となるので、この比較から

＊1 Gbpsは Giga bit per second のことで、毎秒、何ギガビットの情報を転送できるかを意味します。

も1章に述べたように「本当に商用スパコンの価値を利用しているか」をよく省察しなければならないことがわかります。

さて購入パーツを前にすると早速組み上げたい（→2.3節）と思うのが人情ですが、そちらに進む前に、これから組み上げようとするサーバに、どのIPアドレスを付番して、どのようなネットワーク回線に接続するのかについてあらかじめ決めておく必要があります。設定の途中で頭を悩まして作業が止まってしまったり、行き当たりばったりの設定で進めて、結局、最初からやり直しといったことにならぬよう、次節では以降の設定に必要となる「ネットワークに関する最低限」について押さえていきます。

2.2　ネットワーク関連の計画

2.2.1　付番やサーバ名の計画

各演算ノードに番号や名称を割り振って管理するうえで、後で齟齬が生じないようあらかじめ計画と見通しを立てておくことが重要です。サーバへの付番で一番根本的なのはIPアドレスの付番です。IPアドレスとは、ネットワーク上で通信対象機材を特定させるための付番で、本書では、192.168.0.XXX ($XXX = 1 \sim 255$) とします。これで250台程度まで規模拡張できるクラスタ機を構成することができます[*1]。筆者グループでは、XXXの一桁番台 (001～009) と90番台は、ファイルサーバやルータなどの管理系に割り振ることにしているので、演算ノードには、010、011、012……と順番に付番することにしています（→図2.2）。冒頭の「192.168.0」の部分は、今回のクラスタのような「内部ネットワーク」を構築する際に付与するIPアドレスの慣例に従うもので、こうした慣例については、Wikipedia

```
[演算サーバ]              [管理系サーバのために番号確保]

192.168.0.010            192.168.0.001
192.168.0.011                  ⋮              「一ケタ台」
192.168.0.012            192.168.0.009

      ⋮                  192.168.0.090
192.168.0.255                  ⋮              「90番台」
                         192.168.0.099
```

図2.2　筆者グループで採用しているIPアドレスの割振り

＊1　もっと多くをカバーする場合には、ネットマスクを工夫して対応しますが、初心者向けの書籍なので省略します。IPアドレスやネットマスクといった述語や概念は、「TCP/IPという通信プロトコル」に関連して現れます。プロトコルというのは一般述語としては外交儀礼のことですが、「やり取りを行う際の方式や規格一式」といった意味合いです。本書実務を進める過程で、徐々にWikipediaなどで知識をつけていくとよいでしょう。

の「プライベートネットワーク」の項目に記載されています。

サーバ名は「機材を特定する通称」ですが、ここでは混乱がないように、IP アドレス「192.168.0.XXX」に付番された演算ノード（ネットワーク上の「位置」）には同一の XXX を使って、「i11serverXXX」と付番された「機材」を配置することとします。「ネットワーク上の位置番号」と「機材番号」の違いを強調して書きましたが、ここにさらに「実際のラック上の位置番号」を加えた3種類の番号が、ノードの故障/取り替えや、故障履歴に絡んできます。長年にわたり多くの演算ノードを保守していると、こうした物理的対象/論理的対象への付番区分を徐々に意識させられるようになります。

2.2.2　必要となるネットワークの最低限知識

自作クラスタ構築のうえで、あらかじめ決めておかねばならない事項を中心に、「ゲートウェイ」、「ドメイン・ネーム・サーバ (DNS)」、それから、「MAC アドレス」について簡単に触れておきます。本書で最終的に構築を目指すサーバ配置（図 1.8）では、ルータ (RT) と呼ばれるサーバが二つの「LAN ケーブル挿し口」をもっていて、片側が構内 LAN（グローバル側）につながり、もう一方が研究室（自室）クラスタ内部のネットワーク（プライベート側）につながります。「LAN ケーブルの口」というのは、サーバに備え付けられた「NIC（Network Interface Controller, にっく）」という部品の口になるので、以降、「NIC の口」という言い方をします。設置にあたっては、まず、学内/会社などのネットワーク管理者に照会し、構内 LAN の「ドメイン・ネーム・サーバ (DNS) の IP アドレス」と「ドメイン名」を聞いておくことが必要です。これらの情報は、あとで自作サーバを設定する際に必要となります。それから、プライベートネットワークが最終的にグローバルに出ていく箇所をゲートウェイと呼びます。図 1.8 の構成ですと、ルータがゲートウェイになっていて、その IP アドレスには、管理系 90 番台の「192.168.0.92」を付与します。別に 92 にする必要はなく、241 番でも何でもいいのですが、「管理系は 90 番台で、ルータはいつも 91 番。ファイルサーバ (FS) は 92 番」といったように規約を決めておくことが管理をやりやすくします。

図 1.8 には黒い四角で NIC が示されていますが、ルータには二つ NIC があるので、「192.168.0.91 はどっちの NIC に割り当てる？」というようなとき、「NIC を特定する識別番号」が必要です。あとで設定しますが、この識別番号は「enp0s25」といった番号になりますが、そのほかに、「d0:50:99:09:e9:5f」といった個体識別番号的なものが割り当てられており、これを MAC アドレスといいます。皆さんが普段使っているノートパソコンや携帯電話など、インターネットに接続するも

のならば、テレビであってもゲーム機であっても、各NIC（無線での接続も含む）には必ずMACアドレスが付与されています。

筆者自作構築の

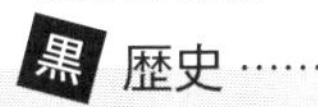

黒歴史…… 03—MacXserveによるクラスタ構築

ベンダ任せのクラスタ管理には、省ける出費もありそうだと感じていたこともあり、次に予算がついたときには「せめて自分でメモリの積み替えくらいはできる環境」にしたいと思っていた。ちょうど、アップル社が19インチラックにマウントできる「Xserve」というシミュレーション用サーバを売り出していた頃だったので、次の予算で、これを10台程度購入した。購入直後に現所属機関への異動が決まり、未開封のXserveを、そのまま持ち込み着任した。着任後についた別予算でさらにXserveを買い足して、計37台のXserveを保有することになった。当時の値段は1枚あたり80万円程度と記憶している。これが「背水の陣」となり、筆者もクラスタ自力構築を「せざるを得なく」なった。買ったからには開封して組み上げなければならない（図2.3）。

Xserveは筆者が使い慣れたMacOSで、GUIベースでクラスタを構築・管理できるというのがウリで、Linuxの黒画面を叩いて行う設定というのに恐怖感があった筆者にはちょうどよい入口となった。30万円程度で「AppleCareの3年間サポートサービス」を購入したので、24時間、電話対応でいろいろと設定について質問することができる。30万円とはいっても以前のベンダ任せの保守管理よりは、ずっと安いものである。まずはMPICHという並列計算環境をサーバにインストールして、サーバ単体でノード内並列の環境を構築するという作業に直面することになった。MacのUNIXターミナル操作自体は初めてではなかったが、UNIX系のアプリ環境をソースから「./configuration」→「make」→「make install」の流れでインストールするのは筆者にとって初めてであった。MPI計算環境では「/etc/以下をいじってrshを有効にする」とか「/etc/hostnameというファイルをいじる」といった作業が必要で、こうしたシステム設定関連のディレクトリをいじるのも新しい経験となった。

Xserveのノード間並列の設定はGUIで行うもので、AppleCareのサポートで電話子機のスピーカホン機能を使って1時間程度、つきっきりで丁寧に電話対応して頂いた。並列するサーバ一覧が旗艦機のGUI画面上に表示

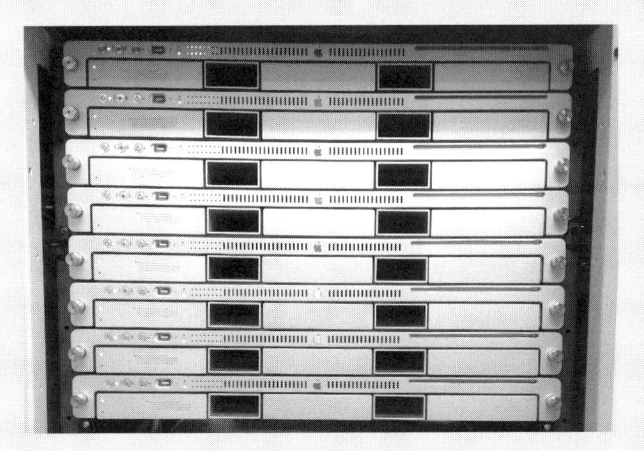

図2.3 Apple社Xserveにより構築した自作クラスタ

され、各々をクリックして各種機能の有効/無効をマウスで操作していく。有効/無効の色使いが黄緑/黄色だったため、色覚異常をもつ筆者には見分けがつかず苦労したものである。設定が込み入ってくるとターミナル操作が必要なことがあるが、こちらはAppleCareのサポート外となる。筆者は大方、深夜12時を回ったあたりにサポートに電話をしていて、しばしば親切な方が担当にあたり、「個人としてのつぶやきですが」と断ってコマンド部分の情報も頂いたことがあり大変助かった。そういうことで何とか、購入したXserveで自力での並列機運用に漕ぎ着けた。ノード間結合にはギガビットのスイッチを用い、LANケーブルは自作加工を習得して、欲しい長さのケーブルをせっせと自作したものである。

2.3　まずは普通のPCを組み上げる

2.3.1　パーツの組み上げ

パーツが納品されたら、いよいよ組み上げです。筆者は気にせず、普通の机の上で、素手で作業を行っておりますが、一般的には「静電気注意/手袋着用/特別にきれいな場所で行う」に留意することとされています。まず、マザボとCPUを開封します。CPUの箱は注意深く開けるようにしてください。箱を開けると大きなラジエタファンが目に入り、これをCPUだと思って取り出して「空き箱」をぞんざいに扱うと、CPU本体（小さい）が箱のなかに残されており、うっかり床に落としてしまうことがあります。CPUファンには灰色のグリスが塗ってあり、組み上げる際、CPUの放熱サイドに密着させることになるので、このグリスにも、CPUの金属部分にも指を触れないように注意して扱ってください。CPUを、方向に注意してソケット位置に嵌め込み、CPUファンを固定します（→図2.4）。詳細な嵌め込み方については、「マザボ CPU 固定」あたりで検索をかけると、写真付きの丁寧な解説サイトを見つけることができます。CPUの嵌め込みだけは注意深く行ってください。うっかり、CPUの角をソケットの電極にぶつけたりすると、ソケット側の電極が曲がってしまい修復は非常に困難です。

次に、メモリをメモリスロットに挿入しますが、これもWebで「メモリ 挿し方」あたりで検索すると挿し込み方が載っています。今回の場合は、すべてのスロットに全挿しなので迷うことはありませんが、もしスロット数に対して、挿すメモリ枚数が少ない場合には、「どこから順番に挿すのか」に留意する必要があります。これはマザボの取扱説明書に記載があるはずですので、その内容に従います。次いで電源を接続します（こちらも「ATX 電源 接続」あたりの検索ワードで写真付きのサイトを見つけることができます）。電源からは多数の線が出ていて、一瞬、何をどこに挿すのか怯んでしまいますが、すべてコネクタ形状などがよく

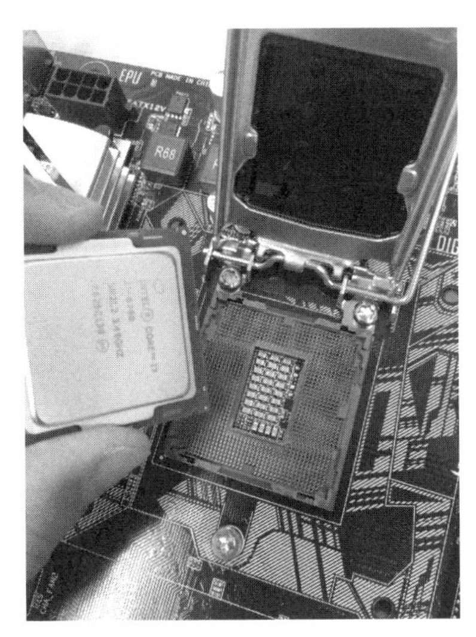

図 2.4　指に持っているのが CPU 本体。放熱側の金属にも端子側にも触れないよう、写真のように脇を持ち、ソケットに設置するときには、CPU の角で端子を傷つけないよう注意。

工夫されていて、「挿さるようにしか挿さらない」ので、ほとんど間違うことはありません。

tips ▶ 初心者にとって一番難しいのは、「どこまで力を入れたらいいのだろう」と臆病になってしまう点です。精密部品を扱っているという恐怖感から、強く押し込むことに躊躇してしまい、嵌りが甘くなる傾向があります。メモリの挿入などは一度経験してしまえば大したことではないのですが、初めてのときは、「どこまでやるとキチンと嵌まり込むか」の塩梅がわからず難儀するポイントです。CPU ファンの固定も、今一度、強く押し込んで、「カチン」と音がするまで挿さっているか再度確認してください。昔、自作演算ノードの「ある一列の 4 台」がすべて、演算が走り出すと止まってしまうというトラブルに見舞われたのですが、確認しにいくと、繊細な秘書の方が作ってくれたノード群で、すべてファンの嵌め込みが甘く、負荷がかかったときの発熱に耐えきれていなかったといった経験がありました。

次に、HDD に電源を挿し、SATA ケーブルでマザボとつなげます。作業用のモニタとキーボード、マウスをマザボに接続すれば、これで完成となります。

2.3.2　仮 OS からの立ち上げ

組み上がった PC には、まだ OS が入っていないので、仮に電源を入れて起動しようとしても、「どこから OS を読んだらいいですか？」というエラーが表示されるだけで、「仏作って魂入れず」の状態です。普段、PC を使う場合には、電源を入れれば勝手にOSが立ち上がりますが、これはパソコン機材にあらかじめ設定が仕込んであって、「電源が投入されたときには、とくに指定がない限り、このディスクからOSを読み込め」という約束がなされているからです。パソコン機材は、指定されたディスクに置いてあるOSの内容をメモリ上に読み込んで実行し、これによってパソコンとして立ち上がるというわけです（ブートといいます）。自作機を組み上げたときには、まだ、この設定もなされてないうえに、OSがどこにも入ってない状態です。そこで、

- **甲**：システムを立ち上げる必要最小限のOSをUSBメモリに準備し、
- **乙**：このUSBメモリからOSを読み込むという暫定的な設定を施して、一旦、機材を暫定的に立ち上げたうえで、
- **丙**：ネット上からフルセットのOSをHDD上にインストールして、
- **丁**：次回以降はHDDからOSを読み込む設定に書き換える

という手順を行います。

まず、「**甲：最小限OSの入ったUSBメモリ**」の準備ですが、これは、「Linuxブートメディア ISO」といったワードで検索をかけると、最小限ブートプログラムのダウンロードや、ブート用メディアの作成の仕方に関する情報を得ることができますので、その記載に従って、自分が使うLinuxディストリビューション（→1.2.3項参照。本書の例ではUbuntu）のブート用USBメモリを作成しておきます。

次に、このUSBメモリをマザボに挿したうえで、「魂の入っていない仏」状態の自作機の電源を投入して、まずは、このUSBメモリの存在を認識させたうえで、「**乙：暫定的にこのUSBからOSを読め**」という仮設定を行います（電源投入を行う前に必ず、ファンを指で回してみて、ケーブルなどが引っかからずキチンとファンが回ることを確認しておいてください）。次に、モニタとキーボードが接続されていることを確認のうえ、まずは電源ユニットのスイッチをオンにします。ただし、まだファンは回らず、自作機は起動しないはずです。起動させるためには、さらにマザボ上の電源ボタンを押す必要がありますが、その前に、キーボードのDeleteキー位置を確認しておいて、電源ボタンを押すと同時にDeleteキーを連打します。ファンが回って機材が立ち上がりますが、連打されているDeleteキーの信号を認識して、バイオス(BIOS)と呼ばれる特殊なモードで立ち上がります＊1。BIOSモードでの操作の仕方は、購入したマザボにより異なりますので、

＊1　もし連打が甘くBIOSモードに入らなかった場合には、マザボ上の電源ボタンを4秒以上長押しすればシステムが停止しますので、もう一度、連打しながら立ち上げれば大丈夫です。

詳細はマニュアル参照となりますが、大方、似たような構成になっていて、矢印キーや Tab キー、スペースキーで設定項目を切り替えて設定できるようになっています。設定項目のなかに「起動ディスクの選択」という項目があり、機材が USB メモリを挿したまま立ち上がった場合には、起動ディスクとして、HDD のほかに、USB メモリが認識されているはずです。USB メモリを起動ディスクとして選択したうえで、BIOS を終了/再起動させます（大概は F10 ボタンを押す操作になっています）。そうすると、機材は今度は、この暫定 BIOS 設定に従って USB メモリから OS を読み込み、図 2.5 の画面のように無事に立ち上がるはずです[*1]。

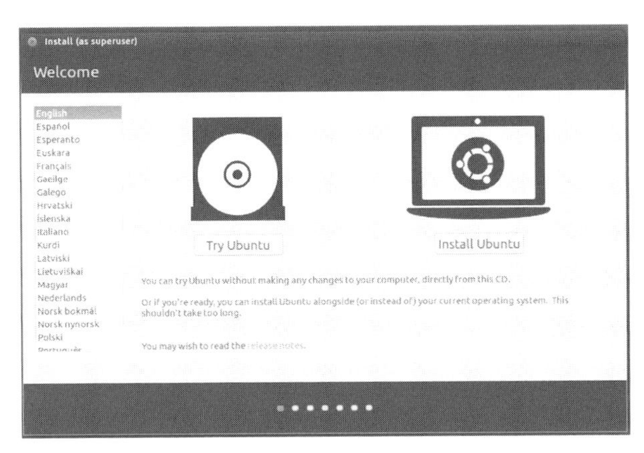

図 2.5 LinuxOS インストール時の立ち上がり画面（Ubuntu ディストリビューションの例）

2.3.3 OS をハードディスクに導入する

次に、USB メモリ上の OS から暫定的に立ち上げた機材上で、「**丙：ネット上からフルセットの OS を HDD 上にインストール**」する手順を進めます。ネットからのダウンロードが伴いますから、別 PC などで「インターネットに確実に接続されている」と確認できる LAN ケーブルをマザボに接続しておきます。図 2.5 の立ち上がり画面で、「Try Ubuntu」と「Install Ubuntu」の 2 択ボタンが表示されるはずなので、「Install...」のほうをクリックします。

次に現れる画面には、「Download updates...」と「Install third-party...」という二つの項目がありますが、いずれにもチェックが入っていることを確認して、「Continue」ボタンをクリックします。「Install third-party...」の項目は「使いそうなものをダウンロードする」という推奨項目なのでチェックを入れておきまし

＊1 そうならなかった場合には、再び「電源ボタン長押し」の手を使って再チャレンジです。

た。一つ目の「Download...」の項目は、「インストールしながらアップデートする」という動作を選択しているもので、これを行うために先程、LAN ケーブルを用いてインターネットに接続しておいたのです。

次の画面（→図 2.6）では「Installation type」として、それぞれ、二つのラジオボタンとチェックボタンが表示されますが、「Erase disk...」のラジオボタンをオンにすることで、「ハードディスクをすべて消去して OS のインストール先にあてる」という選択を行って、他のチェック項目にはチェックは入れずに、右下の「Install Now」をクリックし先に進みます。「Write the Change...?」と再確認の表示が現れますが、Continue をクリックして先に進みます。

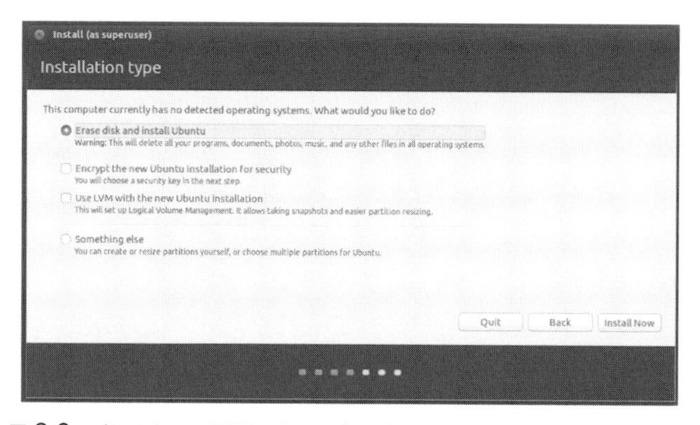

図 2.6　インストール画面では、ラジオボタンやチェックボタンが現れる。

次に「Where are you?」というページが現れますが、東京が直近の都市となる場合には文字入力の項目に「Tokyo」と入力して「Continue」を押します。次のページは「Keyboard layout」ですが、「English(US)」>「English(US)」を選択し、先に進みます（→図 2.7）。

tips ▶ サーバ構築では、設定言語もキーボードもすべて English とすることを推奨します。言語設定については、ヘタに日本語を選んでしまうと、あとでターミナルからのコマンド入力操作を行うときに、フォルダ名などに日本語文字が現れてしまい、キー入力で面倒を引き起こすからです。使用キーボードに日本語キーボードと US キーボードが混在すると、記号の入力などで面倒なことになりますので、この際 US で揃え、今後は US キーボードに習熟することをオススメします。筆者はかつて、英国に 2 年ほど滞在していましたが、しばしば、親切な向こうのメンバーが、「ちょっとオレに貸してみろ」といってタイピングしてくれるたびに、いちいち「~ はどこだ？　@はどこだ？」と大騒ぎになったので、それ以降、ずっと US キーボードを利用しています。今では US キーボードも、どこでも買えるようになっています。

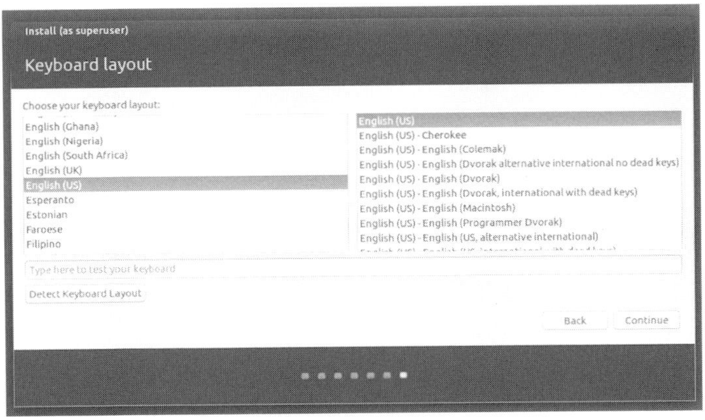

Install (as superuser)

Keyboard layout

Choose your keyboard layout:

English (Ghana)
English (Nigeria)
English (South Africa)
English (UK)
English (US)
Esperanto
Estonian
Faroese
Filipino

English (US)
English (US) - Cherokee
English (US) - English (Colemak)
English (US) - English (Dvorak alternative international no dead keys)
English (US) - English (Dvorak)
English (US) - English (Dvorak, international with dead keys)
English (US) - English (Macintosh)
English (US) - English (Programmer Dvorak)
English (US) - English (US, alternative international)

Type here to test your keyboard

Detect Keyboard Layout

Back　Continue

図 2.7　言語は英語 (US) を選択

次のページでは、「Who are you?」ということで、「Your name」などの入力項目があります。ここでは図 2.8 のように、「Your name/i11server010」、「Your computer's name/i11server010」、「Pick a username/maezono」と設定します。「maezono」の部分は、適宜、ご自分のグループ名などに変更して問題ありません。その場合には、本書で「maezono」となっている部分はすべて、そのグループ名に読み替えてください。i11server*XXX*（*XXX* は 3 桁の番号）の「i11server」の部分もしかりです。当グループでは、「2011 年から Core i7 を使って構築したシリーズ」ということで、この名前を付与しています。*XXX* の番号部分については、2.2.1 項で述べた計画に従って付番します。

「Choose a password」には設定すべきパスワードを入力し、「Confirm...」で、

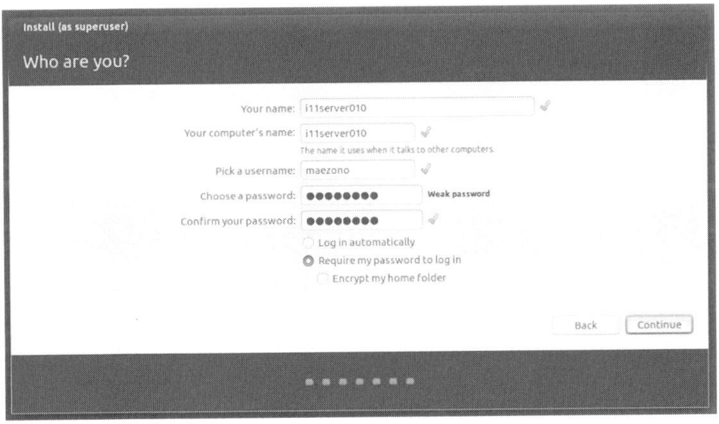

Install (as superuser)

Who are you?

Your name: i11server010
Your computer's name: i11server010
The name it uses when it talks to other computers.
Pick a username: maezono
Choose a password: ●●●●●●●● Weak password
Confirm your password: ●●●●●●●●
Log in automatically
Require my password to log in
Encrypt my home folder

Back　Continue

図 2.8　「Your name」には自分の名前は入れずサーバ名を入力。username で maezono としている部分は適宜、自身のユーザ名で置き換える。

もう一度パスワードを入力して打ち間違いしていないかどうかが確認されます。「Require ...」のほうのラジオボタン選択になっていることを確認のうえ、Continueをクリックします。そうすると、いよいよHDDへのOSインストールが始まります（→図2.9）。これで、USBフラッシュメモリに入っているOSの内容が、適宜、インターネット側からアップデートを受けながらHDDにインストールされます。通常は、数分でインストールが終了し、「Installation Complete」という画面（→図2.10）が現れますので、「Restart...」をクリックして再起動をかけます。「Please remove...」という表示が現れて、USBメモリを外せと促されますので、これを外して進めると、システムは再起動を始めます。そうしたら、先述した「Delete連打」でBIOS設定モードに入り、今度は「OSをHDDから読み込みなさい」という設定に変えておきましょう[*1]。

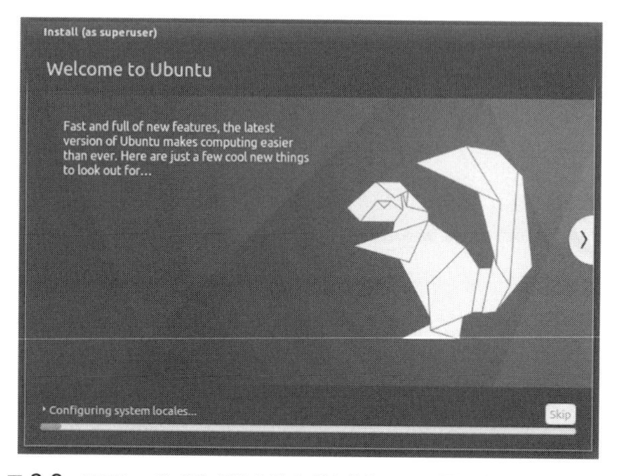

図2.9　HDDへのOSが書き込みがなされている間に表示される画面

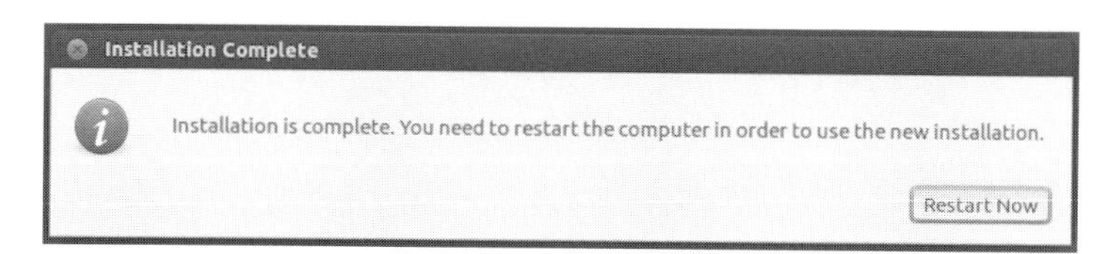

図2.10　HDDへのOS書き込みが完了すると表示される画面

ここまででとくに動作に不具合がなければ、パーツを1台のサーバに組み上げてしまいます。筆者のグループでは、図2.11のように市販ケースなどは使わず裸

＊1　これを省略しても、システムは新しいメディアとしてHDDを検出して立ち上がってくれますが、ネットワーク経由のブート可能性も試されてしまうために起動が遅くなる可能性があります。

のまま、100 円ショップで買えるメッシュに結わえ付けてしまっています *1。電源や HDD の固定には、「しめしめ」と呼ばれる結束ツールを利用し、マザボのネジ穴に、これまた 100 円ショップで買える結束バンドを通してメッシュに固定します。ケーブル類は、あとで収納のときに別サーバに引っかからないよう、大きめの結束バンドで、外側に膨らまないよう結わえておきます *2。

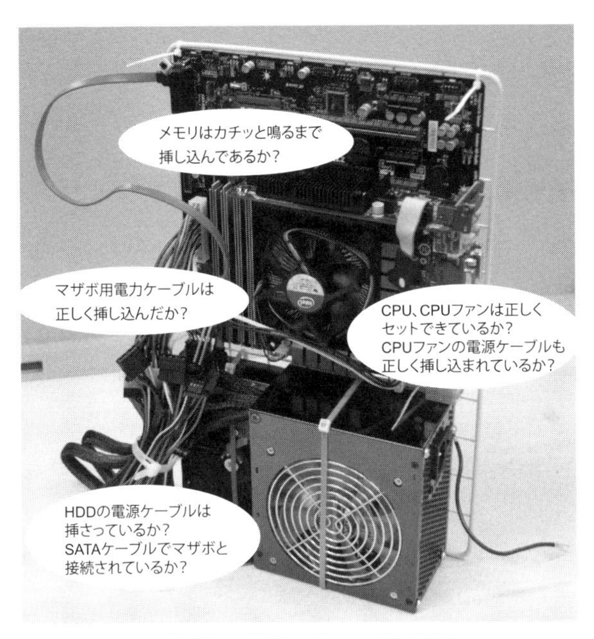

図 2.11　計算機 1 台分の全構成部品

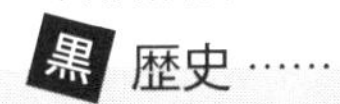
筆者自作構築の黒歴史……

04 — ファイルマウント事始め

ノード間並列の環境を自力で構築したことで、自然と「共有ファイル領域を設けたい」という着想に至ることになったが、恥ずかしながら筆者は、この時点になるまで、自分の Mac に挿した USB が、コマンドラインでどこのディレクトリにマウントされるのかすら知らず、/Volumes/以下にくるというのを初めて知ったものである。最初に並列機環境でのファイルマウントを行った際は、どうやら、複数の Xserve のうち 1 台を旗艦機に定め、そのホームディレクトリを他のマシンにマウントして利用していたようである。「旗艦機だけが特別扱い」という非対称が気になって「ファイルサーバ」を導入することになる。Mac mini という安価なマシンを購入し、そのホームディレクトリを演算ノードたる Xserve にマウントするという方策をとった。

＊1　100 台以上のサーバ全部にケースを準備すれば、それだけで結構なコストとなります。
＊2　演算ノードというのは頻繁に落ちるため、落ちたノードだけを配置ラックから簡単に引き出せるように留意します。保守性の良さも大事な要素です。

しばらく運用していると、Mac miniの数百MBのHDDでは立ちゆかなくなった。ファイルサーバはファイルを提供するだけだから大した能力は必要ないと素人考えで誤解していたが、演算ノードからの過酷なアクセスが祟って2007年あたりに故障をきたしてしまった。Mac miniを買い換えて、1TB程度の大容量外付けHDDを接続し、これを共有マウント領域として供する方策をとった。このときに初めて「外付け機器が/Volumes/以下のディレクトリにマウントされる」と認識したものである。外付けHDDの接続はFirewire800で行っていた。当時は、ノード間通信頻度の少ない量子拡散モンテカルロ計算ばかりだったので、このような安普請でも性能的にほとんど問題にならなかったのだが、当時のポスドクが分子軌道法の計算を回すようになると、外付けHDDとの転送速度が遅いという問題が露呈してきた。それまで機器接続の転送速度というものもほとんど意識せず「USBは遅くFirewireは速い」と漠然と思っていたのだが、よく調べてみると、当時のUSB2でもFirewire程度には速く、かつ、それよりも圧倒的に速いのがSATA接続だということを知った。そこでeSATA接続可能な外付けHDDとeSATA接続用拡張ボードを購入し、再度、Xserveの1台をマスター機にして構成を修正すると、件の分子軌道計算は十分に堪えられる速度で回るようになった。

2.3.4　インストールセットの入手

前節まででHDDに無事OSがインストールされました。HDDに入ったOSからPCを立ち上げると、図2.12のようなログイン画面が立ち上がります。パスワードを入力してログインすると、初回立ち上げ時には、図2.13のような「Keyboard Shortcuts」という案内画面がポップアップされますが、これは×印をクリックして閉じてしまってください。左側にメニューバーにFirefoxというブラウザが入っていますので、これをクリックして立ち上げます。ブラウザ上のsearchの欄に「google」と入力してグーグルのトップページに行けば、PCがキチンとインターネットに接続されているということが確認できます。そうしたら、普段どおりのブラウザ操作で、「maezono group」を入力して検索します*1。

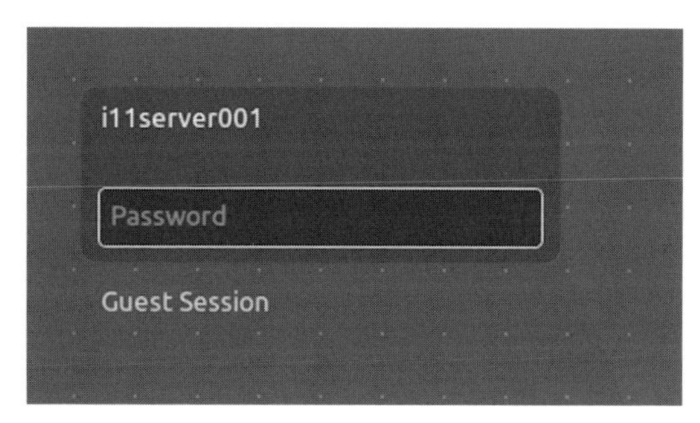

図2.12　Ubuntuのログイン画面

*1　念のため、書籍ページのurlはこちらです。http://www.jaist.ac.jp/is/labs/maezono-lab/wiki/?MyBooks

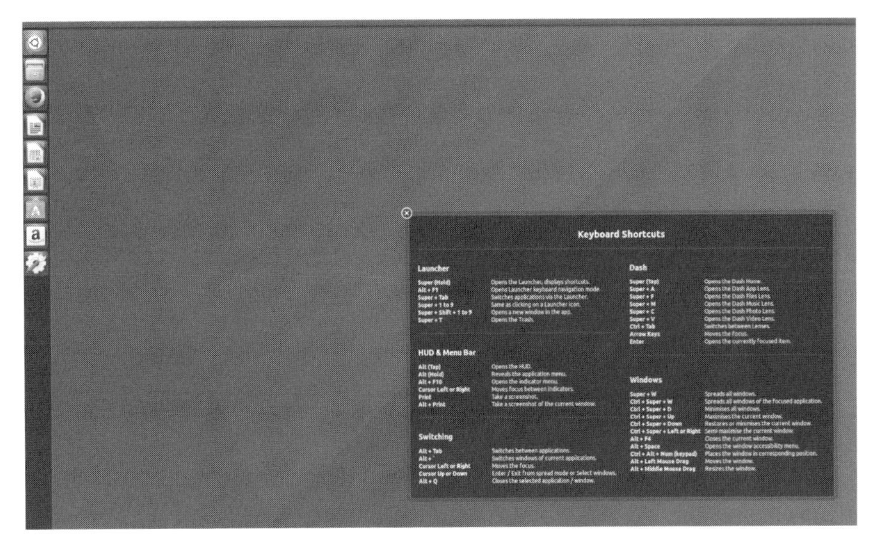

図 2.13 「Keyboard Shortcuts」のポップアップ。これは x 印をクリックして閉じてしまってよい。左側メニューバーの上から 3 番目が Firefox （ブラウザ）のアイコンなので、これをクリックして立ち上げる。

無事、前園グループのホームページ（→図 2.14）にたどり着いたら、左側のメニューにある「35/Composed Books/書籍」をクリックします。「01/「自作 PC クラスタ超入門～」の下にある「ダウンロード教材」をクリックすると ID とパスワード (PW) を聞かれますので、ID を cusers、PW を hongo としてログインして進みます。そうすると同じく「01/「自作 PC クラスタ超入門～」の下に「https://...」で始まるリンクがあるので、そちらをクリックします。

ブラウザの真ん中あたりに「.gz files can't be previewed」と出ますが、気にせずに、その下の Download と書いてある横の▽マークをクリックすると、「Direct download」という項目が現れるので、これをクリックします。すると Dropbox のアカウントにサインアップすることを促す画面が現れますが、下のほうにある「No Thanks...」のところをクリックすると先に進むことができます。そうすると「Save File」という表示が現れるので、これをクリックすると、ファイルがダウンロードされます。

ブラウザが開いている状態で、画面の左上にマウスを合わせると「×」記号が現れるので、これをクリックしてブラウザを一旦閉じておきます。次に、左側のメニューバーのアイコンで、マウスを合わせると「Files」と表示されるアイコン (「エクスプローラ」と呼ばれるアプリ）をクリックすると、フォルダがいくつも表示されるので、Downloads をクリックすると、「setupMaezono.tar.gz」という

図 2.14　前園グループページのメニュー。左側のメニューにある「35/Composed Books/書籍」をクリックします。

ファイルが表示されるはずです。これをデスクトップ上にドラッグし、作業を終えたら、「Files」で開いたウィンドウは「×」マークをクリックして閉じておいてください。

この「setupMaezono.tar.gz」というファイルは圧縮ファイルで、後述する手順で解凍すると「setupMaezono」というフォルダとなり、その内部には

- 01/並列環境構築に必要な最小限のネットワークダウンロードを自動的に行うためのスクリプト（→ 2.5.2 項）。フリーのコンパイラや並列計算環境のための設定が含まれています（3 章に詳述）。
- 02/ルータを設定するための設定スクリプト（→ 5.5 節）。
- 03/ネットワーク周りの設定を行うための設定ファイル（hosts/interfaces → 2.6 節）。
- 04/コマンドを簡便に扱うためのエイリアスファイル（3.2 節）。
- 05/並列計算アプリ「CASINO」の簡易パッケージ。
- 06/「CASINO」を用いた演習用の入力ファイル群。
- 07/Linux 初心者がファイル操作やディレクトリ移動を学ぶための教材ファイル（2.4 節以降で用いる）。

といった内容が格納されています。

「01〜02」の「サーバ設定用スクリプト（自動実行コマンド群→ 2.5.2 項）」は、元来、各ユーザが月日をかけて自身の用途に沿って「これが必要最低限」と見定

めて構築し、利用環境の進化に応じて保守していく「一種の知的財産」といえるものです（→ 6.5.2 項）。01 のスクリプトは本書の演習内容に呼応した「必要最小限」となってますが、MPI 並列で走るアプリであれば共通の根幹となる内容です。スクリプトは「何をどういう手順で、どうやって導入しているか」を読み解くことができる手順書となっています。読者は本書内容を習得したうえで、適宜、自身のアプリ環境に合わせて、さらに必要な資材などを本スクリプトに追記して保守していくことができます。02 のスクリプトは利用アプリや Linux のディストリビューションによらず共通で、筆者らもネット上での情報を参考に作成保守しているものです。

「03〜04」は Linux に習熟しているユーザであれば本書頒布のものを用いなくとも、自力でタイピングして設定できるものですが、タイピングに不慣れな初学者も想定してテンプレートとして頒布しています。ここに含まれる「hosts」ファイルはディストリビューション共通ですが、「interfaces」ファイルは Ubuntu ディストリビューションの場合のみで、別のディストリビューションを利用する場合にはネット情報を参考に適宜等価な内容で置換する必要があります。

「05〜06」は「CASINO」の本書用途簡易版で、アプリ作成者の許可を得て必要最小限を頒布しています。「CASINO」のフルパッケージはネット上から探して入手することができます（開発者による登録許可制）。

「07」はファイルの編集や移動といった練習をするためのディレクトリ構造やテキストファイルが置かれているもので、本書で Linux 初歩を習得した暁には不要なものです。

さて、ダウンロードした「setupMaezono.tar.gz」ですが、習熟者に向けた「次への指示」としては「このファイルをデスクトップ上に移動して、tar コマンドで解凍を行ってください」となります。この記載で指示を実行できる読者は、解凍を行った後、次節は飛ばして 2.5 節に進んでください。そうでない初学者に向けては、この作業に至るまでに必要となる Linux 初歩の事項を次節以降、の項で順を追って丁寧に解説していきます。

2.4　初めてのコマンド操作

1 章から 3 章まで初心者にとって「一番の山」となるのは、Linux のコマンドライン習得です。それ故、「初学者を連れて行く」という目的の本書では、分量配分的に「並列クラスタ構築を具体的題材とした Linux 入門」の書籍ともいえる内容になっています。

tips ▶ 以下は老婆心ですが、長年、コマンドラインを教えていると、「そもそもの習得が仕方がナッテナイ」という事例をいくつか経験しますので、はじめに注意を述べておきます。あまりパソコンが普及していない海外などで教えていると、コマンドを一生懸命ノートに書き取って、「こないだ教えられたとおりに打ったんだけどエラーになった」といって見せられるコマンドが、スペース区切りなどがメチャメチャだったり、「今は、それが対象ファイルじゃないでしょ」というものだったりということがよくあります。単に過去のノートの記述どおりに打ち込んだりする学生が散見されますが、「作業手順や呪文として覚えるのではなく、血の通った意味をとって、自分の頭で考えてコマンドを構成しなさい」と教えています。

似たような話で、「“AAA”, BBB」といった論文リストを作成するのに、何度いって聞かせても、「“AAA,” BBB」というミスをして、泣き顔で「『,』と『”』はどっちが先なんでしたっけ？」と確認してくる学生がいましたが、「どっちが先か？」といった作業手順としての理解の仕方ではなく、「(項目 1), (項目 2)」という基本形を押さえ、次に「(項目 1) = “AAA” となった」と論理的に理解すれば、何も泣き顔で混乱するような話ではありません。たとえば、コマンドラインで

```
% sed 's/\t/\//g' temp1 > temp2
```

などという羅列が出てくるのですが、筆者も最初にこれを見たときには、「\」や「/」の羅列のどこが切れ目なのかわからなかったのを覚えています。これは「sed 's#\t#\/#g' temp1 > temp2」と等価に書き換えられるのですが、「この『/』は区切りの意味（上記でいうと#になったもの）」、「この『/』は特殊文字を表現するもの（上記の「\t」や「\/」として現れているもの）」ということを明確に意識しながらコマンドラインを実行することが肝要です。単に「書いてあるとおりに打てばいい。これはただの作業だ」と思って取り掛かると、どうしても、「『/』の数が合ってないよ」みたいなミスに陥ります。「なぜここにスペースがあるのか？」、「この記号の意味は何か？」をキチンと噛み砕いて作業を進めていってください。

2.4.1 フォルダとディレクトリの階層構造

「Ctrl+Alt+t」（キーボード上の Ctrl キーと Alt キーを押しながら t を押す）とすると、ターミナル（コマンド入力で操作するアプリ）が立ち上がります（→図 2.15）。以降、すべての操作は、このターミナルで行います。

ターミナル上で、まず「cd」と打ってエンターキーを押してみてください。この操作は、今後「『cd』と入力せよ」と呼ばれ、

```
% cd
```

と表記されます。老婆心ですが、冒頭の「%」まで打ち込もうとする人がいますが、これはあくまでも、「ターミナルの入力プロンプト」、すなわち、「ここに入力シテ

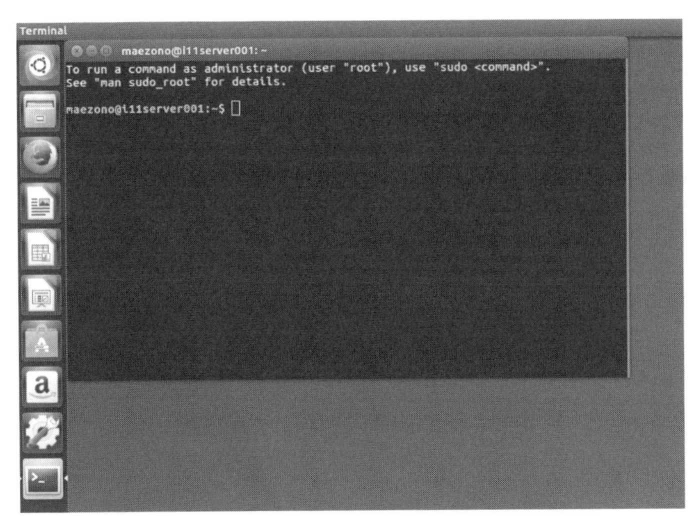

図 2.15　「Ctrl+Alt+t」としてターミナルが立ち上がったところ

ネ」と「催促する」記号という意味で、上記を示されて「こう入力せよ」といわれたときに入力するのは「cd」のみです [*1]。

さて、Windows などの経験しかない初心者がコマンド操作で最初一番戸惑うのは、「自分がどこにいるのかわからない」、「ファイルが探せない」といった点です。普段、パソコンで見慣れている「クリックすると開くフォルダ」という使い勝手のことを、GUI（グラフィカル・ユーザ・インタフェース）と呼びますが、コマンド操作の場合には、こういう直感的なインタフェースではなく、昔ながらの「コマンド入力と応答」によるコンピュータとの対話でことを進めます。

tips ▶ 高校生対象のサイエンスキャンプなどでコマンドラインを教えるときは、大概、「なんで今さら、そんな古い方式に戻るのか？」という質問が出てくるため、「慣れるとコマンド入力のほうが、ずっと操作が速くなるから、管理にはこちらが向いている。逆に『GUI で管理せよ』といわれるとゾッとするものだ」などと答えていたものですが、面白いことに、2012 年あたりからは、高校生の反応が真逆になり、「やった！　黒画面だ！　これがやりたかったんだ！」と携帯で写真を撮りまくるという興奮の渦になりました。折角、コマンドラインの必要性を説明するスライドを準備していたのに、「えっ、なんで？」と聞いてみると、何やら、この年にはハッカーを題材にしたテレビアニメが流行していて、コマンド操作で次々と問題を解決する高校生主人公がカッコよく描かれていた由。読者の皆さんは、早速その「黒画面」の世界を体験してみましょう。

＊1　本書では区別しませんが、Linux のプロンプトには「%」のほかに「$」と記載されるものがあります。「%」のほうは「一般ユーザとしての入力プロンプト」、「$」のほうは「ルート（管理者/スーパーユーザ→後述）としての入力プロンプト」として区別して使われることが慣習となっています。

まず、通常見慣れている「GUIのフォルダ構造」と対比しながら、コマンド操作では「同じものがどう見えるのか」を通じて、「ディレクトリの階層構造」というものを理解してみましょう。まず、GUIで画面上に見えているのがデスクトップで、デスクトップの下に「setupMaezono.tar.gz」というファイルが見えます。これを「Desktop/setupMaezono.tar.gz」と書くことにします。つまり「*xxx/yyy*」は「*xxx*の配下にある*yyy*」という意味です。

次に、先程の「Files」と表示されるアイコンをクリックし、そこに表示されている「Desktop」というフォルダをクリックします。そうすると、この中身が、デスクトップの画面上に表示されている内容と一致していることが確認できます。さらに、エクスプローラの左のタブから「Computer」という項目をクリックすると、上記の記法で「Computer/home/maezono/Desktop/」と表現される位置にデスクトップが対応していることが確認できます。そうすると、先程のファイルは、「Computer/home/maezono/Desktop/setupMaezono.tar.gz」と記されるということになります。

setupMaezono.tar.gzというファイルを人にたとえた場合、その在処を「Computer/home/maezono/Desktop/setupMaezono.tar.gz」と記するのは、「日本国/東京都/足立区/桜中学/3年B組/金八先生」*1といった指定の仕方に相当し、ファイルの在処を正式に規定する方策となっているので、「在処までの経路 (path) を絶対的に規定する」ということで「絶対パス」と呼ばれます。ある意味「ファイルの正式名称」と考えても良いでしょう。「桜中学/3年B組/金八先生」は、「桜中学の帳簿に載っている3年B組」、「3年B組の帳簿に載っている金八先生」という意味になるので、「帳簿=directory」ということで、「*xxx/yyy*」は、「*xxx*ディレクトリ下の*yyy*」と読みます。金八先生の舞台は暗黙に桜中学なのと同じく、「Computer/Filesystem/home/maezono/」までは、大概いつも同じになるので、これを「~/」*2と略記して、「~/Desktop/setupMaezono.tar.gz」、「~/3年B組/金八先生」と書くのが慣例です。

さて、そうしたらターミナルに戻って「**pwd**」と入力してください。「入力に対する応答」として「/home/maezono」という表示が現れるはずです。次に「`ls`」と入力すると、「Desktop, Download, ...」という応答が表示されるはずです。「pwd」というコマンドは、現在自分が「降臨している」ディレクトリの位置(現ディレク

*1 かつて「3年B組金八先生」というテレビドラマがあった(昭和54年~)。桜中学3年B組の担任「金八先生」が主人公で、東京都足立区の中学校が撮影に使用された。

*2 ティルダ・スラ……と読みます。

トリ位置）を返してくれるコマンドで、「present working directory」の略です。Linux のコマンドは、大方このような「意味ある言葉の略号」になっていて、こういうのをニーモニックと呼びます。ニーモニックを覚える癖をつければ、Linux コマンドはずっと身近になります。「ls」というコマンドは、list のニーモニックで、「現ディレクトリ直下にあるファイルやフォルダなどを表示する」というコマンドになります。ディレクトリが「帳簿」という意味だったので、「帳簿に書かれているリストを表示する」というわけですが、どちらかというと「自分が降臨してる現ディレクトリから見える風景を表示する（そこにはファイルや「さらに下部構造をもつディレクトリ」が見える）」というイメージで説明しています*1。以上を確認できたら、「exit」と入力してターミナルを終了しておきましょう。

2.4.2 ディレクトリ間の移動

再度「Ctrl+Alt+t」としてターミナルを立て、「pwd」と入力してください。そうすると「/home/maezono」と表示されるはずですが、これは上記の「~/」位置に相当します。つまり、通常ターミナルを立ち上げると、「~/」の位置に降臨するということがわかります。「~/」のことを「**ホームディレクトリ**」と呼びます。次に「ls」と入力し、降臨位置からの景色を見ます。Desktop や Documents といった文字が青色で示されているはずですが、青色は「これはファイルじゃなくて、『その先に下部構造をもつディレクトリ』だよ」ということを意味しています。

「cd Desktop」と入力し（スペース区切りに注意）、次いで「pwd」と入力すると、今度は「/home/maezono/Desktop」と応答するはずです。つまり、「cd Desktop」によって、ホームディレクトリから見えていた下部ディレクトリの一つである Desktop 以下に「立ち位置を移動した」ということになります。cd は、「change directory」のニーモニックで、cd の**引数**には「移動したいディレクトリ名」を指定して利用するということになります。上記の操作の後、「ls」と入力すると、現立ち位置からの景色として、ファイル「setupMaezono.tar.gz」が見えます。ファイルなので、青字以外のカラーで表示されています。

そうしたら、再度スペースに注意しながら、

```
% tar -xvf setupMaezono.tar.gz
```

と正確に入力してください。tar というのはファイルを圧縮/解凍するためのコマンドで、引数「setupMaezono.tar.gz」が、圧縮/解凍対象のファイル名という形

＊1 「帳簿 A/帳簿 B」だと、帳簿 A のリストのなかにさらに帳簿 B があることになり、イメージがそぐわないので。

ですが、間に挟まった「-xvf」というのが「圧縮/解凍のうち解凍モードで利用」という意味を表現します。これは、コマンド形式のもう少し複雑な形で、「**(コマンド) - (オプション) (引数)**」という形をとっています（各々がスペースで区切られていることに注意してください）。

上記の tar コマンドでファイル解凍が終わると、今度は「`ls`」と打ったとき、setupMaezono.tar.gz というファイルのほかに、「setupMaezono/」というディレクトリが青字で表示されているはずです。そうしたら、「`cd setupMaezono`」として、さらに setupMaezono ディレクトリの下に降りていってみましょう。ここで `ls` と打って景色を見ると、白地で表記されたいくつかのファイル名のほかに、katsushika/という青字ディレクトリがあります。さらにその下に降りてみてください（もう打つべきコマンドはわかりますね）。そうすると、kameari/と shibamata/という二つのディレクトリがありますので、shibamata の下に降りると、torasan という白字のファイルが見つかります。ここで pwd と打つと、「home/maezono/Desktop/setupMaezono/katsushika/shibamata」と表示されます。`ls` と打てば、torasan が返値されますが、上記のディレクトリゆえ、これは「.../葛飾/柴又/寅サン」だということになります[*1]。

さて、次に「`cd`」と入力し、次いで `pwd` と入力してみてください。そうすると「home/maezono」と表記されますから、「cd の引数を省略して入力すると、ホームディレクトリに戻ってくる」ということがわかります。冒頭で、「初心者はディレクトリ構造のなかで迷子になりやすい」という話をしましたが、いざ迷子になっても、「**引数なしの cd**」という印籠を繰り出せば、ホームディレクトリに戻ってこられるというわけです。これで安心してディレクトリ内をふらつき回れます。

今度は、「葛飾/亀有/両サン」のいるディレクトリまで降りていってみましょう[*2]。降りきったら、再度「`cd`」とだけ打って、ホームディレクトリに戻り、もう一度、「葛飾/亀有/両サン」まで降りてみてください。といわれると、タイピングに慣れていない初心者であれば、少し嫌気がさすのではないかと思います。毎度毎度、katsushika だの shibamata だのをミスなく打ち込むのは本当に疲れることです。そこで、今から「**最も重要なこと**」を習得してもらいます。cd と打ってホームディレクトリに戻ったうえで、「`cd De`」とだけ打って、頑張って左手の小指で Tab キーを押してみてください。自動的に「cd Desktop」と補完されるは

＊1　かつて「男はつらいよ」という映画があった。「寅サン」や「さくら」というのはその登場人物で、東京都葛飾区柴又を舞台に活躍する。

＊2　かつて「こちら葛飾区亀有公園前派出所」というマンガがあった。「両サン」や「麗子」というのはその登場人物で、東京都葛飾区亀有を舞台に活躍する。

ずです。これを「**タブ補完**」と呼びます。Desktop 以下に降り立ったら、今度は「cd s」とタブ補完して「setupMaezono」に降り、次いで「cd k」でタブ補完して katsushika 以下に降り、さらに「cd k」でタブ補完して kameari 以下に降りてみてください。そうしたら、cd でホームディレクトリに戻り、同じことを数回繰り返してタブ補完に慣れましょう。タブ補完に十分習熟したうえで、再度、亀有の下に降りておいてください。

tips ▶ タブ補完はミスなく高速にタイピングする上で極めて重要なスキルです。ワープロ入力に慣れている方であれば、「左手小指によるタブ操作」は慣れているかもしれません。昨今の高校生になると、スマホの普及で再び、キーボードが打てない生徒が増えてしまったため、このタブ補完は、すぐには身につかず、サイエンスキャンプなどでも、半日くらいは、「ほらダメだよ、そこタブ使って！」としつこくいわれ続けることになります。タブ補完が身につくと、タイピング作業効率が一気に高まり、高校生は順応性がさすがに高く、3 日間のサイエンスキャンプを終えると、「もうマウスなど使いたくない」というようになります。

そうしたら今度は、「両サンのいる亀有」から、「寅サンのいる柴又」に移動してみてください。教えたことだけを使うならば、「引数なしの印籠」たる cd を繰り出してホームディレクトリに戻り、再度、Desktop 以下に降りていくということをするわけですが、これでは、「亀有から柴又に行くのに、毎度毎度、東京駅に戻って出掛けていくようなもの」です。まあ、そうはいっても今はこれしか知らないので、まずは、そうやって柴又に移動してみてください。

そしたら、ここから今度は、もう少しマシな方法で柴又から亀有に移動するとしてみましょう。常識的な行き方としては、柴又 (katsushika/shibamata) から、1 段上位の葛飾に戻り、そこから今度は亀有 (katsushika/kameari) に降りるのが普通でしょう。この際、「1 段上位に戻る」というコマンドは、「cd ..」となります（cd の後のスペースに注意)。cd の引数に「..」（ドット二つ連続）を用いると「一つ上位に」という意味になるのです。「.」（ドット一つ）は「現ディレクトリ」を意味し、「..」は「1 段上位のディレクトリ」という意味として使われます。それでは「cd ..」と打って、pwd で立ち位置を確かめてみてください。これを使って寅サンと両サンの街を行ったり来たりしてみてください。十分飽きたら「cd」とだけ打ってホームディレクトリに戻ってください。

次に、ホームディレクトリから、「cd Desktop/setupMaezono/katsushika/

shibamata」と打ち（タブ補完！）、「ls」で現地点を確認すると[*1]、「柴又の寅サン」のところに行き着いたことがわかります。このように、「ディレクトリを一段一段降りていかなくても、目的地がわかっているのであれば、一気に目的地を指定して飛び移ることができます。この方式を使えば、柴又から隣の亀有に行くのに、「『cd ..』としてから『cd kameari』」としなくても、「cd ../kameari」（一つ上がったところから見える亀有）として一発で跳んでいけますし、あるいは、現位置からの相対位置関係を使わずに、「cd ~/Desktop/setupMaezono/katsushika/kameari」と明示的に位置を指定して跳ぶことも可能です。タクシーに乗るのに、「そこの角曲がった亀有」といって頼むか、東京都から住所をカーナビに打ち込んでもらって頼むかといった違いです。

筆者自作構築の
黒歴史……　05—ゲートサーバ・ファイルサーバ事始め

最初期に素人運用したApple/Xserveをマスター機とした構成では、サーバにNICが2口備えられたマシンであったので、片方をグローバルに接続し、もう片方をクラスタのプライベート側に供することで問題なくゲートサーバを構築することができた。「マスター機」はゲート兼ファイルサーバとして機能させ、両者を分けるような構想はもっていなかった。通常のマシンを用いて同じことをしようとすると、NICが1口しかないという問題に遭遇した。当時はサーバを自作するというビジョンもなく、市販のMac機でどう構成すればいいかということだけで考えていた。NIC増設というスキルもなく、Mac miniを購入し無線LANをグローバルに、有線NICをプライベート側に接続するという竹槍戦法で対応した。「我々のシミュレーション対象は量子拡散モンテカルロ計算なので情報転送速度はそれほど問題とならない」という頭で何も考えていなかったのだが、実用上、転送速度が最も要求されるのは、グローバルからクラスタへのファイル移動である。その部分に当時は転送速度が有線よりずっと遅かった無線LANを使うというのは、今考えると愚かな策定であるが、当時としてはこれくらいしか思いつかなかった程度の技術力であったのだ。NIC増設は、自作サーバのPCIバスに拡張用イーサネットボードを挿せばよいだけで、その部材も、わずか数千円だということを知るのは、後の2008年にサーバ構築を一緒に行ってくれる学生が配属されてきてからのことになる。

Xserveを用いた並列計算運用が少し本格化してくると、今度はファイルサーバを独立に立てて運用したいという欲求が出てきた。例によって「Macの市販機で」という話で調べていくと、光スイッチによるSAN (Storage Area Network) のソリューションが見当たるので、これについて購入相談サポートなどで調べていくと数百万オーダの費用見積もりとなってしまった。そこまで大仰なものが必要なハズもないのだが、商用機で揃えようとすれば、安価な代替が効かず、こうなってしまうものである。SANの線に沿って、もう少し調べてみると、Xserveに光ケーブル接続用の拡張ボードが6万円程度で購入可能だったので、これを用いて光スイッチに吊し、さらに光ファイバの口をもった外付けHDDを同じスイッチに吊せば、Macは128台まで自動的にこの外付けHDDを高速接続でマウントできることがわかった。光スイッチと光接続の外付けHDDを早速購入し

＊1　この「lsで現地点を常に確認」という癖をつけておくことが肝要です。初心者はしばしばこれを怠って迷子になりがちです。

たが、当時、この1組が60万円程度もしたことを覚えている。拡張ボードも6万円程度のものを10枚程度は購入しているので、総額で百万円は超えているのである。当時は「Macの製品で」という認識しかなかったが、今になって機器を見直してみると、光接続である必然性もなく、自作Linuxであれば、当時の価格でも10万円以内で可能な拡張であったと悔やまれるものである。

ファイルサーバに関しては、次いで、NAS-HDDの利用という形態に移行した。SAN関係でいろいろと調べていくと、もっと安価なNASの利用が可能で、当時、1TBのHDDが2枚でミラーリングされたNAS機器が5万円程度で市販されていた。これはMac上でGUIを用いて設定可能で、IPアドレスを付随させて各Xserveがマウントすることができるので、NAS機器を購入してファイルサーバとする構成での運用がしばらく続いた。

2.4.3　ファイルの操作

亀有のディレクトリに移動して、白字で見えている「ryousan」というファイルの中身を見てみましょう。「cat ryousan」とすると、ファイルの中身が表示されます：

```
% pwd
  /home/maezono/Desktop/setupMaezono/katsushika/kameari
% ls
  ryousan
% cat ryousan
  ...(冒頭省略)
  192.168.0.250    i11server250
  192.168.0.251    i11server251
  ...(以下省略)
```

なお、上記のようにpwdから書いておくと、「この場所に、このファイルがあるけど（lsの表示内容）、その中身を見ると……」という情報が相手に的確に伝わります。サーバの管理や利用時には、「エラーに見舞われた」といって習熟者に相談したり、他者にいろいろと操作を指示したりする場面が多々ありますが、言葉を重ねなくても、適切なコマンド入出力を連ねて伝えれば、意図が一発で伝わります。

さて、話を戻しましょう。件の両サンというファイルの冒頭には何が書いてあったでしょうか？　マウスを使ってスクロールして見てみると、ファイルの内容が長大だということがわかります。catで表示すると一気に表示が進んでしまい、よっぽどの動体視力がないと冒頭を見逃してしまいます。この場合には、「more ryousan」としてファイル閲覧をしてみましょう。そうすると、冒頭から表示が始まり、Enterキーで一行ごと、スペースキーで数行ごとに表示を徐々に進めることができ、ファイルの末尾に至ると表示が終了します。

ところで、この両サンというファイルが、あまり人に見られたくない内容の、しかも長大なファイルだったとして、突如、背後に人が現れたとしたら、どうしたらよいでしょうか？　ファイル表示をやめたいのに、スペースキーを押しても押しても長大すぎて、人に見せられない恥ずかしい内容が延々と続き半泣き状態になってしまいます。この場合には、「Ctrl+c」を使えば**強制終了**することができます。なお、Windows 機の影響なのか、これを「Ctrl+z」と間違えて行う初心者が多いので、ここで両者の違いについてキチンと述べておきます。もう一度、「more ryousan」としてファイルを立ち上げ「Ctrl+z」としてみてください。先程の「Ctrl+c」と同様に表示は消えますが、「[1]+ Stopped...」と表示されるはずです。そうしたら、「fg」（foreground のニーモニック）と打ってみると、再度、表示が復活するはずです。「Ctrl+z」は強制終了ではなく**ペンディング（一時保留）**で、fg とするとペンディングされたプロセスが復帰します。ペンディングでも、一応、画面から消えるので、初心者がこれを強制終了と勘違いして頻発させてしまい、一時保留されたプロセスが大量に溜まってしまってシステムに負荷をかけるというトラブルがよく見受けられるので注意が必要です。

再度、亀有ディレクトリに移動して、「cp ryousan reiko」を実行した後、ls と叩いて [*1]、新たに reiko というファイルができていることを確認してください。「cp **（ファイル名 1）（ファイル名 2）**」というのは、「（既存のファイル名 1）を、（ファイル名 2）という名前のファイルに複写」という意味で（cp は copy のニーモニック）、「（コマンド）（第 1 引数）（第 2 引数）」という形式をとります。上記によって、麗子のファイル内容は、両サンの内容と同じになっているはずなので、more で確認してみてください。

tips ▶ 「亀有ディレクトリに移動せよ」などと指示されたときには、必ず、

```
% pwd
   /home/maezono/Desktop/setupMaezono/katsushika/kameari
% ls
   ryousan
```

と pwd や ls を使って、「自分が意図したディレクトリに移動しているかどうか」、「自分が仕事をする前の作業ディレクトリの状態」を確認する癖をつけるようにしてください。初心者を指導していて生じるミスのほとんどは、「いわれたとおりにコマンドを入力したがエラーが出ました」といわれて、エラーメッセージを見ると「... not found」となっているという顛末のものです。大方、ホームディレクトリとか別

＊1　コマンドを入力することを「コマンドを叩く」という言い方をします。とはいえ昨今、公共の場所での問題ともなってきますので、静かなタイピングに心がけましょう。

のディレクトリで迷子になっていて、そこで「cp ryousan reiko」を実行しても、「ryousan なんてファイル、ここにないよ」とエラーを食らっているのです。「常に自分の立ち位置に気を配る」、「アクションをとろうとしてる相手がそこにいるかに気を配る」ということが大切です。

上記の確認が終わったら、今度は同じ亀有ディレクトリ下で「mv reiko leico」としてから ls コマンドを叩いてみてください。先程の reiko というファイルが leico というファイル名に変わります（ファイルの中身が変わっていないことを more で確認してみてください）。mv というコマンド (move) は二つの引数を取り、「第 1 引数のファイル名を第 2 引数のファイル名に変更」という意味になります[*1]。mv = move という語感から、ついつい cd (=change directory) と混同して、cd とタイプすべき場所で mv としてしまう初心者が多いので注意です。次に、同じディレクトリで「rm leico」として、leico ファイルが削除されたことを確認します。rm は remove/削除のニーモニックです。

cp など諸々のコマンドは、引数にとるファイル名を現作業ディレクトリ直下のファイル名に限定することなく、

```
% pwd
   /home/maezono/Desktop/setupMaezono/katsushika/kameari
% cp ryousan ../shibamata/sakura
% ls ../shibamata/
% more ../shibamata/sakura
```

などと、離れたディレクトリから指定することもできます。上記の more 指令は、「more ~/Desktop/setupMaezono/katsushika/shibamata/sakura」と等価です。ただし、「../shibamata/sakura」の指示の仕方は、「現作業ディレクトリが同じ葛飾直下にある場合」しか通用しませんが、後者のディレクトリ指示の場合には、自分がどのディレクトリにいても通用します。この文脈では、前者を「相対パス指定」、後者を「絶対パス指定」と呼びます。

次に、葛飾ディレクトリ直下に移動し、そこで亀有や柴又のディレクトリが見えることを確認のうえ、「mkdir tateishi」として ls コマンドを叩き、新たに立石ディレクトリが作成されたことを確認しましょう。mkdir というコマンドは「make directory」のニーモニックで、第 1 引数で指定された名称のディレクトリを新たに作成するというコマンドになります。そうしたら同じディレクトリ下で、「cp kameari/ryousan tateishi/」と入力し（スペースに注意。タブ補完利用すれば「/」は自動入力されます）、「ls tateishi/」として、立石ディレク

＊1 もう、こういう書き方をしても大丈夫ですね？

トリ下に両サンというファイルが複写されていることを確認します（適宜、more などで内容を確認）。

次に、今、新規で作った立石ディレクトリを削除してみましょう。削除コマンドは rm でしたが、「rm tateishi」としても削除できません。立石はファイルではなくディレクトリなので、**オプション「-r」**を付して、「rm -r tateishi」とするとディレクトリごと削除できます。次に、自身が葛飾ディレクトリ直下にいることを確認のうえ、「cd ..」で一段上のディレクトリに移動し、「cp -r katsushika chiyoda」として、葛飾ディレクトリを丸ごと、千代田ディレクトリにコピーします。ここでも「対象をディレクトリとする」という意味のオプション「-r」が使われています。

次に、~/Desktop/setupMaezono ディレクトリ直下にいて、葛飾や千代田のディレクトリが見えることを確認のうえ、次を注意深く正確に入力し実行してください。

```
cp katsushika/shibamata/torasan .
```

最後のドット「.」と、その前のスペースに注意してください。第1引数が「katsushika/shibamata/torasan」、第2引数が「.」となりますが、「.」というのは現ディレクトリという意味だったので、上記のコマンドは、「葛飾/柴又の寅サンを『ここに』コピーする」と読めるものになります。実際に ls コマンドで、現ディレクトリに寅サンのファイルができていることを確認したら、rm でこのファイルを消去し、ついでに千代田のディレクトリも消去しておいてください。

以上、初学者にとっては大量のコマンドの洗礼を受けたことになりますが、ここまでに登場したコマンド等の一覧を以下に示しておきます。

```
cd
pwd
exit
ls
tar
cat
more
cp
mv
rm
mkdir
Ctrl+c
Ctrl+z
fg
```

各々のコマンドが何をするためのものだったのかを復習がてら思い出してくださ

い。すでに経験を済ませたうえで、再度、各々のコマンドに可能な詳しいオプションなどについてWebで調べてみると「あぁ、こんなオプションも可能なのか」といった発見があって愉しめるところもあると思います。

筆者自作構築の

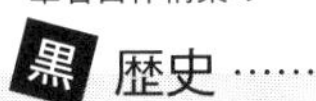

06 — 自作Linux機へ

2008年に配属になった学生の1名と研究打合せで雑談をしていると、「自作PCの趣味をもっていて……」という話になった。配属時面談では、そのような話は聞いていなかったので「そんな話があるなら早くいえよ！ それなら金を出すから、いっそのこと百台くらい作って自作クラスタを組まないか」ともちかけた。そういう筆者も本当これが実現するとは思ってもいなかった。というのは、この学生にしても、後に活躍する2代目の学生にしても「今ドキの情報出身学生」で、Windows上での開発経験はあっても、Linux/UNIX環境の利用は未経験だったのである。まあ自作並列クラスタは夢だとしても、自作PCの組み方程度は教えてもらって損はないというので、早速、自作に必要なマザボやCPUなどのパーツを2セットだけ買って、学生に組み上げ方を教えてもらい構築してみた。やってみると、学生がいうように「ケーブルは挿さるようにしか挿さらない」もので、配線を間違えることもなく想像していたよりもずっと簡単であった。OSには「Vine Linux」を導入し、普通に売られているPCと変わらない使い勝手が、自作Linux PCで実現できることを知った。

次に、まずは単ノードで「CASINO」[*1]を走らせる体制を整備していくまでが学生と筆者との「一からの手作り」となった。まず64ビットのシミュレーション環境を構築しようにも、「Vine Linux」は当時32ビットで、フリーの64ビットLinuxOSはほとんど存在しなかった。そこで当時、64ビットとして唯一の選択肢であったFedora10のディストリビューションを採用し、以降、2012年までFedora環境を継承することになる。CASINOを走らせるには、MPICHやFortranコンパイラの導入が必要で、これら導入には、さらに遡っていろいろなライブラリが事前に導入されていなければならず、また、ノード内並列計算には、rshのアクティベートやら呼応する各種設定が必要となる。「今度こそ大丈夫だろう」と進めていくと、「あぁ、これがさらに必要だった」ということの繰り返しで試行錯誤を重ねながら、本書で述べるような「計算サーバとしての設定手順」が徐々に固まっていった。当時は本書で述べているよりずっと煩雑な導入手順が必要であった。

パーツ選定についても、たとえば、メモリ搭載の最大値がカタログスペック的に16GBと書いてあっても、これは片面実装4GBの高価なメモリ（当時）を使ってできる「宣伝文句」であって、通常の両面実装メモリの場合には8GBしか載らないといったようなことなどを知った。演算サーバ構築と並行して、ゲートサーバやファイルサーバの構築も、学生が徐々に手順を構築していってくれて、以前、XserveのGUI上で「おまじない」としてしか理解していなかったNFS関連の設定が、Linux上で呼応して何に対応しているのかが理解できるようになっていった。

2.5 必要なパッケージのダウンロード

前節までの練習で、ある程度コマンド操作に習熟したところで、再度、サーバの

*1 当研究室で主に扱う量子拡散モンテカルロ法計算。

設定作業という目的に意識を戻し、まずは、計算サーバに必要なパッケージのダウンロードを行いましょう。作業の直前には、Firefox などを動かしてみて、自作ノードがインターネットに接続されていることを確認しておいてください。LAN ケーブルの挿し口のランプ点滅を確認することも一つの手です。

2.5.1 パッケージ管理システムと sudo 実行

「必要なパッケージ」というのは、導入した OS にデフォルトでは入っていない数値計算用のライブラリや、フリーのコンパイラ、スクリプト言語の環境、並列計算のための環境といったもので、すべてインターネットからダウンロードして追加機能を備えることができるようになっています。コマンドで「`apt-get install` **(第2引数)**」とすると、第2引数に指定されたパッケージをダウンロードすることができます。なお、apt-get のようなネットワークインストールのコマンドのことを、正式には、「**パッケージ管理システム**」と呼びます。Ubuntu の場合には「apt-get」を使いますが、CentOS や Fedora の場合には「yum」となるなど、パッケージ管理システムには多種あって、この流儀で Linux ディストリビューションが分派したようなものです。「パッケージ管理システム」で Wikipedia を見てみると詳しく書かれています。

さて、「emacs」というエディタ（ファイル編集ツール）を使いたいので、apt-get を使ってまずこれをダウンロードしてみます。この場合、「`apt-get install emacs`」となりますが、実行してみると「... are you root?」といったようなエラーが出てきます。システムにいろいろとパッケージを導入するのはシステム運営の根幹に関わるので、一定の権限をもつスーパーユーザ（上記の「root」というのがスーパーユーザのことです）のみに許され、一般ユーザには許可されてないという事情があります。「今、自分が何というユーザでサーバを使用しているか」を調べるコマンドとして、「`whoami`」と打ってみると maezono と返値されると思いますが、maezono は一般ユーザなので、このようなエラーに見舞われるのです。そこで、「オレは今、一般ユーザ maezono でログインしてるけど、スーパーユーザで、そのパスワードも知っているので、スーパーユーザの権限でコマンドを実行したい」ということで、「`sudo` **(コマンド)**」という形式で、これを実行することができます。今の例では、

```
% sudo apt-get install emacs
```

となりますので、これを実行してみてください。パスワードが聞かれますので、

図 2.8 の組み上げ/火入れの際に設定したパスワードを入力してください [*1]。これでシステムに emacs がインストールされました。

先程の apt-get では第 1 引数が install だったのですが、次に「sudo apt-get -y update」と入力してみてください。この場合、第 1 引数が install の代わりに update となっていて、第 2 引数がなく、かつ、オプション「-y」がついていますね。第 1 引数は apt-get コマンドの動作モードを指定していて、先程の場合には「第 2 引数のパッケージをインストールせよ」、今回の場合には「OS のアップデートをせよ」ということになります。「-y」は、先程インストールした際に、若干煩わしかった「yes/no をいちいち答える」のを省略するために、「全部 yes として都度返答を省略」という動作オプションです。アップデートが終わったら、次に同様に「sudo apt-get -y upgrade」として、OS を、その時点で入手可能な最新ものにアップグレードしておきます（数分かかります）。

2.5.2　スクリプトの利用

次に、先程 emacs を導入したのと同じ手順で、「libopenblas-dev、expect、openssh-server、rsh-server、……と、合計 20 個以上のパッケージを次々とダウンロードしてください」ということになるのですが、これを全部テキストを見ながら、一つひとつ「sudo apt-get -y install ...」と打っていくのは正直「拷問」です。しかも、同様に演算サーバを、ことによったら 100 台も作っていこうというとき、こんな作業を 100 台全部にやっていくのは非現実的です。

「20 個のパッケージ導入」は、20 回「sudo apt-get ...」を繰り返さなくても、「sudo apt-get -y install libopenblas-dev expect openssh-server rsh-server ...」と第 2 引数以下に引数をつなげていくことで一度に済ませることができます。とはいっても、これを全部ノートから読み取って打ち込んでいくのも拷問です。どうせ各サーバに対して、

```
% sudo apt-get -y update
% sudo apt-get -y upgrade
% sudo apt-get -y install libopenblas-dev expect emacs openssh-server rsh-
    server rsh-client ...
```

という定形作業を行うことは決まっているのだから、その羅列はあらかじめファイルに書いておいて、ネットからダウンロードするなり、USB メモリから入れる

*1 CentOS や Fedora なども含め、通常はスーパーユーザのパスワードと、一般ユーザのパスワードは別に設定されますが、Ubuntu の場合、デフォルトでは、このような区別はなく、sudo でも一般ユーザのパスワードが用いられる仕様になっています。

なりして、その内容を実行すればいいわけです。

実は、その内容が~/Desktop/setupMaezono/01downloadsのなかに記載されていますので、catか何かで確認してみてください。apt-getのコマンドが3行書き連ねてあるだけのファイルですが、このファイルを「実行」すると、記載されたこれらコマンドが次々に実行されるので、定形作業のコマンドをいちいち打ち込む手間も、内容を覚える手間も省けるわけです。こうした「コマンドの一連」を記載したファイルを**スクリプト**（脚本という意味）と呼びます。このスクリプトでは「update/upgrade」といった「apt-get自体のアップグレード」がなされるほか、以下のような「サーバ環境構築に必要な資材」がダウンロードされます。

- **ユーティリティ**
  emacs/emacs24（emacsエディタ）、gnuplot（プロッタ）
- **コンパイラ**
  gcc-4.9/g++-4.9/cpp-4.9
- **サーバ環境**
  openssh-server（sshを用いた通信環境）、nfs-common（ファイルサーバ利用の際に利用するNFSプロトコルの環境一式）
- **並列処理環境**
  libgomp1（OpenMPと呼ばれるスレッド並列の実行環境）、
  openmpi-bin/libopenmpi-dev（OpenMPIと呼ばれるプロセス並列の実行環境）
- **数値計算ライブラリ**
  libopenblas-dev/libblas-dev/liblapack-dev/liblapack-dev
  （BLASやLAPACKと呼ばれる線形計算ライブラリ）
- **その他**
  update-manager-core
  （Ubuntuディストリビューションで用いられるアップデータ）

ただ問題は、このファイルをどうやって「実行」するかです。この01downloadsというファイルが「実行可能な形式」になっていれば、そのファイル名をそのまま、「`./01download`」と入力すれば実行することができます[*1]。ところが上記を実行しようとすると、「`./`」の後のタブ補完が効かないうえに、一生懸命打ち終え

*1 「./」というのは「現ディレクトリにある」という意味でしたので、上記を実行する前には必ず、01downloadが置いてあるディレクトリに移動しておくこと。

て入力すると、「Permission denied」というエラーに見舞われます。これは「あなたには、01download を実行できる権限がない」ということをシステムが抗弁しているのですが、これについて少し説明します。

2.5.3 ファイルのパーミッション

「Ctrl+c」の操作を述べたときに例を出しましたが、ファイルには「あまり中身を知られたくないもの」が存在します。ラブレターや「いかがわしい内容」のものなどはまだマシで、コンピュータの動作設定に関わるものを他人が簡単の読み書きできてしまったら、簡単の乗っ取られて不法行為に使われてしまうという危険があります。そこで、ファイルには閲覧権限、編集権限という概念が付随することになります。上述のとおり、ファイルにはスクリプトなど「実行するためのファイル」というのも存在し、これも他人が勝手に実行してよいもの/悪いものという区別が出てきますので、まとめると、閲覧 (r)/編集 (w)/実行 (x) に対して「+/−」(可/不可) という区別をしなければなりません。さらに「誰が可/不可」なのかについて、「オレ (u)/仲間 (g)/敵 (o)」という区分けをして、「オレだけが読める (u+r)」、「敵は実行できない (o−x)」、「仲間には読み書きを許す (g+rw)」といった記号法を敷きます[*1]。そうすると、一つのファイルに対して「u=(rwx)、g=(rw-)、o=(r--)」といった権限属性 (**パーミッション**) が付随することになります。

ここで、01downloadのあるディレクトリで「`ls -l`」と叩いてみてください。そうすると、01download に対しては、そのパーミッション情報として「-rw-rw-r--」という記号列が表示されます。ls コマンドの「`-l`」は「パーミッション情報も表示させる」というオプションです。同じく表示されている serverSettings に対するパーミッションを見ると「drwxr-xr-x」になっていますが、この冒頭の「d」というのは、それが「ファイルではなくディレクトリ」という意味になります。01download では、冒頭が「-」になっているので「ファイル」であって、そこから続く九つの羅列「rw-rw-r--」を、三つずつの区切りで「(u/g/o) = (rw-/rw-/r--)」と読む規約となっています。そうすると、u/g/o のいずれに対しても実行権限 (x) が不可となっているがために、先程の「01download を実行できる権限がない」というエラーに見舞われたということが理解できます。

このパーミッションを、少なくともオレに対しては「実行可能」に変更したいのですが、それは

---

*1 r/w/x は、read/write/execution。u/g/o は、user/group/other と覚えておくとよいでしょう。

```
% chmod u+x 01download
```

とすることでできます。**chmod** は「change mode」のニーモニックで、第1引数の「u+x」は「オレにxの権限を与える」という意味となります。このコマンドの後、ls と叩くと「01download*」という風にアスタリスク (*) が付されて表示されますが、これは「このファイルが実行可能である」ということを示します。より正式に確認するには、再度「ls -l」と打って、実際にuの部分が (rwx) になっていることを確認します。パーミッションが「実行可能」に変更されたので、再度、「./01download」と入力してみましょう。今度はタブ補完が効いてコマンドが通ります。ただし、パスワードを聞かれると思いますが、これはシステムが、このスクリプトの中身を実行しようとして、最初の「sudo ...」とのところでパスワードが必要となるためです。

2.6　演算ノードに仕立てる

次に2.2節であらかじめ計画したIPアドレスやサーバ名といったネットワーク関係の設定を行います。「習熟者向けの指示」としては以下のようになります。NIC識別番号をifconfigコマンドで特定し、この情報をもとに「/etc/network/interfaces」の内容を編集のうえ、「service networking restart」コマンドによって設定を反映させます（2.6.2項）。次に、今後の演算ノード増築を想定して2.2節で決めておいた「サーバ名とIPアドレスの対応」を「/etc/hosts」ファイルに記載し、同じく上記のserviceコマンドで設定を反映させます（2.6.3項）。

初学者向けには、この作業を行うだけでもいくつかのコマンドやコンセプトを導入しておく必要がありますので、以下🔰のついた項で詳しく解説していきます。

2.6.1　ファイルの編集🔰

cdと打ってホームディレクトに戻り、「**emacs** -nw Desktop/setupMaezono/katsushika/shibamata/torasan」と入力してください。emacsというのは、先程apt-getで導入したエディタで、このエディタを使ってtorasanというファイルを開いて編集するというコマンドです。「-nw」というオプションは「no window」という意味で、新たにウィンドウを開くのではなく、ターミナル上で開くという意味です。

ファイルが開いたら、まず最初に「どうやって閉じるか」を確認しておきます。「Ctrl+x」と打ってから、「Ctrl+c」と打つとエディタが終了します。なお、これは、Ctrl を押しながら「xc」と続け押ししても同じですが、あとで、「Ctrl+x と押して一旦離してから i だけを打つ」といった操作が出てきて話が厄介になるので、初心者のうちは「『Ctrl+x』してから『Ctrl+c』と思って操作する」のが無難です＊1。

tips ▶ 本書では emacs エディタを利用しますが、もう一つ代表的なエディタに vi というものがあります。PC 利用者が Mac/Windows 派で大分されるように、エディタについても emacs/vi と好みが分かれ、こういうことを熱く論じるのが好きな人たちもいます。本格的なサーバ運用を目指すなら、いつかは vi エディタに習熟しておくことがオススメです。vi はシステムに負担を掛けないコンパクトなものなので、どのマシンにも必ず入っているのに比べ、emacs は「apt-get でわざわざ導入した」ということからもわかるように、比較的重いアプリとなるので、「どんな環境でも使えること」を重視するプロ視点で敬遠される一つの理由になっています。ただ、vi は古い時代のエディタの使い勝手、つまり、矢印キーやカーソル位置での入力といった直感的な操作性以前の、「X 行目の Y 文字目を消去せよ」というコマンド体制を引きずっているので、文字消去一つとっても、初学者にとって辛いことになりかねません。そのため、ここでは直感性に長けた emacs を利用しています。可能であれば vi エディタについても、基本的な利用だけは、いつかは習得されるとよいでしょう。

そうしたら、再度「`emacs -nw ...`」で寅さんファイルを開きたいのですが、ここで、上矢印キーを 1 回だけ叩いてみてください。そうすると**直前のコマンドに繰り上がる**ことがわかります。同じように何度か上矢印キーを叩いていくと、これまでに行ったコマンドが次々と繰り上がることがわかります。行きすぎたら、下矢印キーを叩いて繰り下がることができます。では、この繰り上がりを利用して、もう一度、寅さんファイルを開き、今度は開いたところで、矢印キーだけ使ってカーソルを移動させてみて、「Ctrl+x」→「Ctrl+c」でファイルを閉じてみてください。

次に「**`history`**」と入力してみてください。返り値では、これまでに繰り出したコマンドがずらーっと付番されて並びますが、ここで、先程の「`emacs -nw Desktop/setupMaezono/katsushika/shibamata/torasan`」に付番された番号を特定し、その番号がたとえば 63 だったとするならば、「!63」と入力してみてください。そうすると件の寅さんファイルが再度立ち上がると思いますが、このように、history コマンドで、自分が「これまで何をしてきたか」を確認して、繰り上がって過去のコマンドを番号で特定し再実行することも可能です。

＊1 こうした操作は、習熟すると頭ではなく「指が覚え」ます。そのため、習熟者でも初心者に教えるときに、「あれ、どうだったっけ？」と自分の指に聞くことがよくあります。珠算に長けた人が指を動かして計算するのと似ていますね。

さて、ここまでは「開いて閉じる」だけでしたが、いよいよファイルの編集を行ってみましょう。まずemacsでファイルを開くと、左下の白帯のなかにある「-UU-:----F1」という文字列が確認できると思います。次に、ファイルの冒頭にカーソルをおいてEnterキーを押し、ファイル冒頭に空行を作ってみます。そうしたら、その行に自分の名前（たとえばmaezono）を書き込んでみてください。ここで先程の白帯の文字列を見てみると、「-UU-:**--F1」と、*（アスタリスク）が表示された状態に変化したことがわかると思います。このアスタリスクは、「ファイルに変更が行われていて、まだ未保存」という状態を表しています。変更内容を保存するには、**「Ctrl+x」→「Ctrl+s」**という「保存操作」を行います。そうすると先程の白帯に「Wrote...」と表示が出て、件のアスタリスク「**」が消えたことが確認できます。これで変更が保存されたことになります。一度ファイルを閉じて再度開いてみて、自分の名前がキチンと文書に保存されていることを確認してみてください。

そうしたら次に、書き込んだ自分の名前を消して、ファイルを最初の状態に戻した後、再度「Ctrl+x」→「Ctrl+s」で保存してみましょう。次に、もう一度、同じように冒頭行に自分の名前を書いてみてください。1行目の最後にカーソルがある状態から、**「Ctrl+a」**としてみてください。カーソルは行頭に移動します。そうしたら次に**「Ctrl+e」**とすると、カーソルは行末に移動します。何度か繰り返してみて指が慣れたら、もう一度「Ctrl+a」で行頭に移動し、今度は**「Ctrl+d」**を使ってみてください。Deleteキーで「後ろまで移動してから消す」だけではなく、「Ctrl+d」で前から消すということを覚えると作業は効率化します。消してしまった自分の名前を、再度書いてみて、「Ctrl+a」で行頭に戻り、今度は**「Ctrl+k」**としてみてください。これは「行内のカーソル以降を一気に消す」というショートカットです。もう一度「Ctrl+k」とすると空行自体が消えます。

次に、文頭にカーソルがある状態でEscキーを1回押して指を離した後に、「Shift+>」と押してみてください。カーソルは文末に跳びます。「1回押してから『指を離す』」ということや、「>はシフトを『押しながら』キーを押す」という操作になりますので、初心者にとっては「指が覚えないうち」は、思いどおりの操作ができない場合も多いです。もし、変な操作ミスをしてしまい、どうにも編集に復帰できなくなった場合には、**「Ctrl+g」**を何度か繰り出せば元に戻ることができます（これも覚えておくべき『お守りとしてのワザ』です）。指がキチンと上記の**「Esc+>」**[*1]を覚えたら、今度はカーソルが文末にある状態で、「Esc+<」と

*1 『> を打つ』という操作に『シフトを押す』が含まれているので、「Shift+」は表記から省略します。

押してみます。そうするとカーソルは文頭に跳びます。これで文頭/文末/行頭/行末への移動を指が覚えるまで少し練習を繰り返してみましょう。

最後に Undo のやり方ですが、「(Ctrl)+(Alt)+(-)」となります。適宜、編集中の文書で試してみてください。以上は emacs エディタでの最低限の**ショートカット**です。「emacs ショートカット」で検索をかけると、もっといろいろと詳細情報を知ることができますが、ショートカットは最初面倒でもぜひ、ちょっとした時間をケチらずに覚えてみる努力が肝心です。「その覚える数秒/数分の手間」が、後の何年分にも相当する効率化になります[*1]。

これまでに新たに現れたコマンドを以下に示しておきます。

```
sudo
apt-get
whoami
chmod
emacs
history
Ctrl+g
```

2.6.2 NIC 識別番号の特定と IP アドレスの設定

2.2.1 項に述べたように当該サーバには i11server010 と付番し、その IP アドレスを「192.168.0.10」に設定しようとしています。もう少し作業内容を明確に特定すれば、「マザボに設置されている NIC に 192.168.0.10 を割り当てる作業」を行うことに相当します。前述のように、Linux ではすべての設定は「ファイル上へのテキスト記載」で行われ、記載されたファイルを「しかるべき場所にしかるべきパーミッション」で配置したうえで、「設定を反映させるコマンド操作」を行うことで作業が完了します。

この設定を行うには、NIC の識別番号をあらかじめ特定しておく必要があります。NIC の識別番号は「`sudo ifconfig`」と打つことで表示することができます。ifconfig がネットワーク関係の設定現況を出力するコマンドになりますが（管理上よく使うコマンドです）、システム設定に関わることなので sudo を必要としています。ifconfig の表示は若干長くて「巻物で流れてしまう」（長い巻物の文書のように 1 画面で表示しきれず、人間が読み終わる前に先に先に自動スクロールで流れていってしまう）ので、「`sudo ifconfig | more`」としてみてください。

＊1 職場で人を教えるのも同じですね。人に教えるのは手間がかかるので「人に教えるより自分がやったほうが速い」と、ついつい教育をサボりがちですが、最初に余分な時間をかけて人に教えておくと、数日後には 2 馬力になり、長い目で見れば大きな作業効率化になるというものです。

そうすると more が効いて、長い巻物も徐々に繰り下げて表示できることがわかります。ここで「|」という縦棒を使って「(前半のコマンド) | (後半のコマンド)」という使い方をしましたが、これは「前半コマンドの出力を後半コマンドに引き渡す」という Linux の便利な使い方で、「前半コマンドを後半に**パイプ**」するといいます。

上記の ifconfig を叩くと筆者の環境では、

```
enp0s25   Link encap:Ethernet  HWaddr d0:50:99:09:e9:5f
          inet addr:150.65.121.yyy  Bcast:192.168.0.255  Mask:255.255.255.0
          ...(以下略)
```

と表示されます (伏字とした yyy の部分には実際には数字が入る)。enp0s25 から始まる部分が、「NIC の識別番号は enp0s25、その MAC アドレスは d0:50:99:09:e9:5f、そして、そこに IP アドレス 150.65.121.*yyy* が振り当てられている」ということを報告しています。本書に従って設定を進めてきた場合、マシンはまだグローバルにつながったままですので、上記の例では、サーバの NIC は筆者所属機関のグルーバル IP アドレス「150.65.121.*yyy*」を割り当てられていて、この LAN ケーブルが挿さっている NIC が「識別番号 enp0s25」であると特定されたことになります。読者の環境ではそれぞれ、識別番号/MAC アドレス/IP アドレスには異なった記号や番号が表示されているはずですので、同様の特定を行ってください。

特定された NIC への IP アドレスの設定は、「/etc/network/interfaces」というファイル上に相応の記載を行うことでできます。この際、コンピュータの設定変更作業の一般論ともいえる注意事項ですが、現稼働している設定ファイルを直接開いて書き込むようなことをすると、もし記載ミスがあったとき 2 度と正常稼働しなくなってしまいます。そこで、まずは別ファイルに下書きしておいて、内容にミスがないかキチンと再確認のうえ、現稼働ファイルと置き換えるという手順を踏みます。現稼働ファイル (ファイル名を hoge とする) は一旦 hoge_bak という名前で複写してとっておき、新しいファイルで置換して不具合が生じた場合には、hoge_bak を再度 hoge に戻せば、元の状態まで回復できるというわけです。

今回の作業では、下書きテンプレートは ~/Desktop/setupMaezono/serverSettings/interfaces に準備してあります。このファイルをエディタで開いて、「**ETH_NAME**」には「NIC の識別番号」を、「**IP_NUM**」の部分には、当該演算ノードに割り当てたい IP アドレスの最後の付番 (今の例では「10」) を入れると、筆者環境の例では以下のようになります：

```
# interfaces(5) file used by ifup(8) and ifdown(8)
auto lo
iface lo inet loopback
# The primary network interface
auto enp0s25
iface enp0s25 inet static
address 192.168.0.10
network 192.168.0.0
netmask 255.255.255.0
broadcast 192.168.0.255
gateway 192.168.0.91
dns-nameservers 150.65.1.1
dns-domain jaist.ac.jp
dns-search jaist.ac.jp
```

配布されたテンプレートではすでに「gateway 192.168.0.91」が書き込まれています。また dns 関連の行には、筆者所属機関での環境 (150.65.1.1/jaist.ac.jp) が指定されていますが、2.2.2 項で述べたように、読者それぞれの環境における DNS 周りの情報を管理者から取得して適宜置き換えてください。

再三再四の確認の後、上記の interfaces ファイルに記載ミスがないことを確認したら、LAN ケーブルを抜いてから、

```
% sudo cp ~/Desktop/setupMaezono/serverSettings/interfaces /etc/network/
```

として下書きファイルで置換します。sudo が必要なのは「サーバ設定に関わるファイルを置換する」という操作のためです。そうしたら、「sudo service networking restart」というコマンドによって、この設定変更を反映させます。この service というコマンドも、サーバ管理上「sudo service xxx yyy」の形でよく使うコマンドです。yyy = start/stop/restart となり、それぞれ xxx の機能を開始/終了させたり、設定変更後の再起動を行うコマンドです。いちいちマシン全体を再起動させる必要はありません。このうえで、もう一度「sudo ifconfig | more」と叩いて、当該 NIC（今の場合は enp0s25）が正しく所望の IP アドレス（今の例では 192.168.0.10）に設定されたことを確認してください。

筆者自作構築の

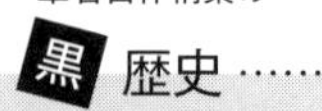

黒歴史…… 07―ラックマウント事始め

まったくの素人からサーバ構築に取り組んだため、ノード内並列の実現まででも、シミュレーション環境の導入手順を習得/確立するまでに半年程度かかってしまい、自作の第1号機、第2号機は、永らく単体マシンとして筆者居室の書架最上段に鎮座していたが、秋までには、自作のゲートサーバ、ファイルサーバを加えた4台で「演算ノード2式によるノード間並列計算」を実現できるようになった。そこでさらに複数台のCore2Quad機を演算ノードとして買い足してラックマウントする増築を開始した。

安価なワイヤーシェルフで4段の棚を構築し、1段あたり16台のマザーボードを剥き出しで設置する案を筆者が提案したが、当時の所属学生が「いくらなんでもケースに入れないのは無茶だし、HDDを非固定で剥き出しで置くのは……」と呆れて抗弁したことをよく記憶している。後にサイエンスキャンプで参加したパソコン自作に詳しい高校生を準メンバーに引き込んだときも同じような小言をいわれたが、「オレ様のカスタム機」を作るのではなく百台程度の規模を構築する際には、個別の部材で千円の差が出れば全体では10万円もの差になってしまう。とくに致命的でもなければ徹底してケチる必要がある。学生の助言にしたがって第1号機、第2号機には「高価で大仰な別売冷却ファン」を取り付けていたが、Core2Quad機では、冷却はそれほど問題にならなかったのでリテールファン（買ったときに標準でついているファン）で十分とし、マザボは剥き出しで2台1組で向かい合わせにネジで固定しシェルフに自立させる形にして、一気に48台までの自作クラスタを構築した。

運用してみると実に使い勝手もよく実用に耐えたので、それまでスパコン依存の高かった研究グループでの計算は、この頃から自作クラスタ上で独力運用できるようになっていった。なお、現在に続く自作サーバの立ち上げに尽力してくれた学生は、この時期から就職活動に入り最終的に大手重工会社に就職したが、それとは別に大手ゲームメーカ数社からも内定を獲得した。何やら、エントリーシートに「サーバ管理の経験はあるか？（→Yes）」、「あるとすれば何台程度管理したことがあるか（→百台程度）」と記入する欄があって、このような回答で確実に面接に呼ばれたとのことである。

当時、筆者は研究室スペースを巡って当時の研究科長と揉めていた。若手研究者にとって、研究資金の獲得は努力次第で可能だが、研究スペースは聖域/既得者権益の領域であり「外様」で着任してきた筆者には努力で獲得できないものがあり、「省スペース」は極めて重要であった。試作機はATX規格であったが、増築にあたっては一回り小さいmATX規格を積極的に採用した。シェルフ1段に16台で計64台を1ラック格納として設置を進めたが、この場合、ラックの前面と背面にそれぞれ8台のマザボが正面を向いて設置されるので、HDDや電源などの接続はシェルフの最奥部で行われることになる。これでは、故障対応の際に手が届かないし、実際に運用してみると、まだ中途計算が回っている演算サーバと、故障交換対象のサーバがネジ止めペアになっていて、片方を止めることなく故障ノードだけ取り外したくてもできないといった事態が頻出した。隣接で回っているファンの横をよけながら手を差し入れて、故障機の接続ケーブルを取り外すなどの作業を行うと、少なからずファンで手を切る怪我も続出し、さすがに「シェルフ1段に16台」のマウントは不都合と判断した。

このシェルフを縦に4分割してケーキカットするイメージで、1段に4台とし「1ラック4段＝16台格納」という現行のラックマウントに落ち着いた。この場合、ラックの前面/背面が、ちょうどマザボの前面/背面となり、ラックの背面に回り込めば、マザボ背面の配線作業をそのまま行えることになる。この頃までには「マザボ2台のネジ止め・自立」という方式をやめて、1台1台を結束バンドで固定する方式に移行した。2台をネジ止めしてしまうと、1台だけの故障時に個別の対応ができないのである。

図 2.16　初期の Linux 自作クラスタ。剥き出しのマザボ 2 枚をネジ止めして、ワイヤシェルフに自立させていた。

図 2.17　1 段に 4 台、1 ラックに 16 台のラックマウント形式。この頃のマザボ固定方法は、各段の上下にスポンジを結束バンドで固定し、これに挟み込んで立てるというもので、筆者もなかなか気に入っていたアイデアだったが、しばらく使用しているとスポンジがへタって固定が甘くなるという欠点から徐々に姿を消した。

2.6.3　プライベート側の DNS 代替

IP アドレスというのは無味乾燥な番号羅列で印象に残りづらく覚えにくいので、「i11server10」といったサーバ名を与えて管理するのが普通です。読者が所属する企業や大学/研究機関の構内にあるサーバも、そのようなわかりやすい「系統だったサーバ名」を付与されて管理されているはずです [*1]。この際、サーバ名

*1　筆者の前職だった所属機関では、すべてのサーバが「万葉集に由来する単語」で名称付与されていました。

からIPアドレスを逆引きする必要があり、その情報を与えるためのサーバが運用されています。これがDNSサーバの役割です（→2.2.2項）。

グローバル側のネットワークを利用する際には、「DNSサーバのIPアドレスは何か」を機材側に正しく設定しておかないと、「i11server01というサーバにつなぎたい」という操作をしても、「i11server01のIPアドレスがわからない」というエラーが返ってきます。正しくDNSのIPが設定されていれば、「i11server01というサーバにつなぐ」というコマンドに対し、ネットワーク上のDNSに照会がなされてi11server01のIPアドレスを即座に返してくれて（名前解決という）、i11server01を当該IPアドレスに置換してコマンドを実行してくれます。上記のinterfacesファイルにおいて構内LANのDNSサーバ(150.65.1.1)が記載されているのはこのためです。

たくさんの利用者とサーバを擁するネットワーク組織であれば、名前解決を専門に処理するDNSを立てる必要性があるのでしょうが、我々が立てようとしているプライベートネットワークでは、演算サーバのメンバー取りも決まっており、わざわざDNSサーバを必要とするほどではありません。とはいえ、名前解決の必要は生じるので、その情報をファイルとして「しかるべき場所」に置いておきます。すると、サーバは規約に従って、まず、その場所に名前解決の情報を探しに行きます。

「~/Desktop/setupMaezono/serverSettings/hosts」というファイルをmoreで見てもらうと、

```
% more /etc/hosts
   ...(冒頭略)
   192.168.0.10   i11server10
   192.168.0.11   i11server11
   ...(以下略)
```

というように名前解決のリストが並んでいることがわかります。そうしたら、「sudo cp ~/Desktop/setupMaezono/serverSettings/hosts /etc/」として「しかるべき位置のファイル」=「/etc/hosts」として鎮座させ、再度、先程のserviceコマンドでnetworkingを再起動させて設定を反映させます（操作は明示的に書いてませんが、もうできますね？　「まとめ」内に答え）。

お疲れ様でございました！　これで単ノードの設定は終了です！　次章では早速、ここまでで構築した単ノードに並列ソフトと並列計算環境を導入してCPU内の演算コアで分散処理された「ノード内並列」と呼ばれる並列計算を実行します。

本章のまとめ

以下が「演算ノード設定作業マニュアル」としてのサマリになります。

- **ネットワークの計画策定**
  設定しようとする演算サーバの「IP アドレス」を決めておく（2.2.1 項）。構内ネットワークの「DNS サーバの IP アドレス」、「ドメイン・ネーム」をあらかじめ把握しておく（2.2.2 項）。

- **インストールセットの入手**
  インストールセット「setupMaezono.tar.gz」を

```
http://www.jaist.ac.jp/is/labs/maezono-lab/wiki/?MyBooks
```

  からダウンロードし（2.3.4 項）、これをデスクトップ上で

```
% cd ~/Desktop
% tar -xvf setupMaezono.tar.gz
```

  と解凍しておく（2.4.2 項）。

- **必要なパッケージのダウンロード**
  以下のスクリプトを実行してダウンロードする（2.5.2 項）。

```
% cd ~/Desktop/setupMaezono
% chmod u+x 01download
% ./01download
```

- **ネットワークの設定**
  NIC 識別番号を

```
% sudo ifconfig
```

  で特定し（2.6.2 項）、この情報を基に

```
% emacs -nw  ~/Desktop/setupMaezono/serverSettings/interfaces
```

  にてネットワークの設定を記載し（2.6.2 項）、

```
% sudo cp ~/Desktop/setupMaezono/serverSettings/interfaces /etc/network/
% sudo service networking restart
```

にてネットワーク設定を反映させる（2.6.2 項）。

- **プライベート側の DNS 代替**
  サーバ名と IP アドレスの対応が記載されたファイルを

```
% sudo cp /Desktop/setupMaezono/serverSettings/hosts /etc/hosts
```

にてしかるべき場所に配置し（2.6.3 項）、

```
% sudo service networking restart
```

にて設定を反映させる。

筆者自作構築の

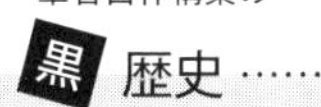

歴史……

08 — 遠隔棟へのサーバ移設

2008年の構築着手以降、1年以内には64台程度のサーバが「筆者の居室」で稼働していた。筆者所属機関の教員居室というのは、どういうわけか電源容量が豊富で、20A程度のブレーカが6系統分も配分されている。ただ、どのコンセントが、どの系統に属するのかは配置からは直感的に想像できないので、適当に電源をとってサーバを稼働すると、6系統に等分配されておらず、よくブレーカを落としてしまったものである。そこで施設管理部局に足を運んで建物の配電図面を見せてもらい、携帯の写真に撮って、どのコンセントが、どのブレーカボックスにつながっているかを確認し、ブレーカが落ちないような運用を心がけた。

自作クラスタは思いのほか静音で、居室で利用しても64台程度なら騒音的にはほとんど問題にならなかった。ちょうど、積雪の時期に大量の計算タスクがあり、サーバ廃熱は居室の暖房にちょうどよく、居室の気温が下がってくると、「あ、計算が終わったな」と気づくというオマケまでついていた。なお、当時、居室には、さらに追加で60台程度のPCパーツが納品を終えて山積みになっていた。Nehalem世代Corei7が発売となった時期で、ここまでCPUのストックがあるのは、日本の小売店でも、そうはなかろうというので、箱を積み上げて写真を撮ったものである。

2009年春には筆者所属機関に総合実験棟という新しい建屋が落成し、2階サーバ室にサーバ設置場所を確保した。サーバ室の電源工事や床下工事、サーバ冷却装置の設置は未完で、サーバ室の本格運用は秋まで待たねばならなかったが、夏に向けて気温も上昇し、このまま居室でサーバ運用を続けていると、冷房が入る夏前には居室員が茹で上がってしまうということで、無理をいって電源工事前に仮置きさせてもらうこととした。我々のサーバは商用100V電源で運用され、サーバ用の特別な冷房装置も不要で居室の通常冷房で十分だったし、サーバラックはキャスターのついたワイヤシェルフで可搬性があるので、工事に応じて移動も可能であったため、この点を強調して、真新しいサーバ室に移設させてもらうことができた。

64台のCore2Quad機に加え、Corei7（Nehalem世代）機を漸次増設し、徐々に百台超の規模で運用するようにまでなってきた時期に、一度、週末に瞬停（瞬間停電）があって、サーバ室の空調が止まる事故があったのだが、翌日、気がついてサーバ室に行くと気温が50度を超えていてHDDが数台故障するという憂き目に遭った。この頃までにはパート主婦の研究補助員も自力でサーバ設定や故障機交換などの作業をできるようになっていて、自作クラスタ運用が、研究グループの一つの目玉となり始めてきた。

図 2.18 構築待ちのCorei7プロセッサ。パソコンショップの在庫を超える!?

3章

ノード内並列をやってみよう

前章までで組み上げた演算サーバは、一つのCPU内に複数（たとえば四つ）の演算コアをもつマルチコアマシンです。本章ではマルチコアを利用した「ノード内並列」で、まずは計算を回すところまでを学びます[*1]。1.1.1項でも述べましたが、世の中の大方のシミュレーションプログラムは、「1万並列コアで回しても1万倍速くなるわけではない」というものですが、並列計算演習や並列性能評価を行うのに、そのようなプログラムを用いても、あまり興奮できず、「コンセプトをまずは理解」という点でも不向きなので、本書では題材として「CASINO」という極めて並列性能の良いプログラム（アプリ）を用います。このプログラムが

▶ この章で扱う内容

- **エイリアスの利用**
  煩雑なコマンド入力をミスなく便利にこなすには？
- **「CASINO」パッケージのインストール**
  並列シミュレーションを体験する具体的題材をどう準備するか？
- **「CASINO」のシングルコア実行**
  並列シミュレーションプログラムを並列させずに普通に走らせてみるには？
- **「CASINO」のノード内並列実行**
  演算ノード単体内の複数演算コアを利用して並列シミュレーションを走らせるには？
- **並列性能の比較**
  計算にかかる実行時間が並列によって短くなる様子を調べるには？

本章で導入する本筋以外の初学者向けコンセプト

□ エイリアス　□ 不可視ファイル　□ リダイレクト
□ プログラムコンパイル　□ 機械語と実行可能形式
□ make によるコンパイル　□ 環境変数　□ 標準入出力
□ バックグラウンド実行　□ grep によるテキスト処理
□ ワイルドカード

*1　並列計算にはいろいろな形態がありますが、これらについては次章で述べます。

与える性能を最初の印象付けに用いることで、読者の皆さんに、自身の利用するプログラムの並列性能の現状を把握し、目指すべき到達点のイメージをつかんでもらう狙いです。前章と同様、本章でも枠内の周辺知識を初学者向けに導入しています。習熟者は適宜、マークを付した項は読み飛ばし、本章末尾の「まとめ」に進んでもらって構いません。

3.1　ノード内並列計算までの手順

CASINO を題材とした実習手順の説明に入る前に、「一般に並列計算を走らせるまでに必要な手順」の流れを述べておきます。

- シミュレーションソフトをサーバに導入
  アプリによって「ネットワークからダウンロード」、「DVD や USB などでの配布メディアからインストール」といった様々な形態があります。本書では 2.3.4 項のところですでに入手済みであり、サーバのディレクトリに置かれています。
- アプリをコンパイル
  本書では教育的な意味も込めて「ソースからコンパイル」の手順を説明しますが、場合によっては「すでにコンパイルされ焼き上がった実行形式」がサーバの種類に応じて用意され、ネットワークダウンロードなどで配布されていることも多いです。
- アプリを非並列で走らせて動作確認
  実行形式ファイルを「コマンドとしてそのまま実行」すると、並列版アプリでも非並列で走らせることができます。並列動作に入る前に、非並列で動かせることを確認して、必要となる入力ファイルや環境変数の指定などを確認しておくことが重要です。
- 並列環境の確保
  アプリを並列で走らせるには、サーバに並列計算環境が導入されていることが前提です。これを導入していたのが 2.5 節で述べた手順でした。
- 並列シミュレーションを走らせる
  並列環境の確保ですでに入っている並列実行用の汎用コマンド「`mpirun`」を用います。「アプリの実行形式ファイル」を引数にして、オプション「`-n` X」で並列多重度 X を指定して走らせると、ノード内の演算コアを使った並列処理が実行されます。

このような流れになります。

並列アプリの「プログラムパッケージ」といった場合、「ソースファイル一式/makeコマンドでコンパイルするための設定ファイル/マニュアル類」が一つの圧縮ファイルとして提供されているのが一般的です。「並列環境の導入（OpenMPIがサーバに入っていること）」や「mpirunコマンドを利用してアプリを走らせること」は「アプリを迎え入れる前準備」としてユーザが別途整える事項であり、「アプリに含まれる事項」ではないことを認識しておくことが肝要です。

本章ではとくに「ソースプログラムのコンパイル手順」の解説を通じて「ブラックボックス利用から、もう一段階上の、並列アプリ運用に親しめるユーザへの脱却」を目指します。コンパイル手順への向き合い方として安直な順で述べれば、

（1）**あらかじめ提供されている実行形式ファイルを直接導入する**（コンパイル手順そのものをブラックボックスとする）
（2）**ソースからmakeコマンドを利用してコンパイルする**（make階層以下の細かい調整についてはブラックボックスとする）
（3）**makeの細かい設定手順も調整する**（ソースファイルのどのサブルーチンが、どういう依存関係でコンパイルされるかまで把握して利用する）

といったユーザ習熟度があります。本書では「その先に（3）レベルがある」程度の記述に留め、（2）レベルの解説を行いますが、本書が想定する「並列シミュレーションのサーバ管理者育成」のレベルでは、これが一般的な到達点といえます（「レベル（3）」は特定アプリ開発者、もしくは、専門家のレベルです）。

アプリによっては、そもそも「**ソース非公開**」で実行形式ファイルでの入手しかできない場合も多々あります。その場合には3.5節まで進んでください。以降の節では、「CASINO」を題材にした具体的な実習を通じてノード内並列実行までの手順を示します。それでは、さっそく始めましょう。

3.2　エイリアスの利用

本章では、プログラム「CASINO」をコンパイルし、並列計算を走らせ、その性能を調べるという順に述べていきますが、コマンド操作や覚えにくいオプションの羅列が続くので、こうした実務の効率化に有用な重要テクニックである「**エイリアス**の利用」について最初に述べ習得します。

3.2.1　エイリアスとエイリアスファイル

Linux初心者にとっては、「コマンドを覚えるのが面倒（タブ補完は便利だが）」

という印象が芽生えてきているのではないかと思いますが、習熟者とて膨大なコマンドをすべて覚えて使っているわけではないのです。実は、よく使うコマンドの組み合わせを「登録」して、自分仕様で便利に利用することができるのです。

たとえば、先程「ls を叩くとディレクトリは青色、ファイルはそれ以外の色で区別して表示される」と述べましたが、色弱バリアフリーの観点からも、これはあまり有難くない表示法です。そこで「ls -CF」というオプションを実行してみましょう。ディレクトリには末尾に「/」がついて表示されるので、色がわからなくとも、ファイルとサブディレクトリの区別がつくようになります。ただ、これを毎回使うために、都度都度「ls -CF」とタイプするのでは、タイピング量も増え、かつ、覚えなければならないオプションも増えて負担です。ls は頻繁に繰り出すコマンドですが、ls と打つのもタイピングが 2 回必要で面倒です。そこで、次の方法により、「l」と打てば「ls -CF」となるようにすることができます。

```
% alias l="ls -CF"
```

このように入力した後、「l」と叩いてみて、実際に「ls -CF」として機能することを確認してください。このような「コマンドの再定義」を「エイリアスをかける」という言い方をします。ほかに「『cd ..』で一つ上がって『ls』にて内容を確認する」といった操作も頻発しますが、これも、

```
% alias c="cd .. ; ls"
```

とすると、「c」と一発叩くだけで実現することができます。「(コマンド 1) ; (コマンド 2)」とコロン (;) でつなげると、二つのコマンドの連なりを一つのコマンドとして登録することができます。

さて、ここで一旦「exit」コマンドを入力してターミナルを終了させます (「ターミナルを exit で抜ける」という言い方をします)。そうしたら、再度ターミナルを立ち上げてみてください。ここで、先程の「c」が効くかどうか試してみてください。「そのようなコマンドは見つからない」というエラーが吐かれるはずです。折角エイリアスを設定しても、ターミナルを終了するたびに、その設定は忘却され、毎度毎度エイリアスを設定し直す必要があるのです (なお、どういうわけか「l」は効くのですが、これについては後で理由を説明します)。では、ログインするたびに大量のエイリアスを、その都度打ち込んで設定するのかというと、そんな手間は、とても非現実的です。実際の運用では、「登録したい一連のエイリアス群」を、どこかのファイルに書いて置いておき、ログインのたびに、その設定をシステムに「呑み込ませ」て反映させるという方策をとります。ここで

「~/Desktop/setupMaezono/bash_alias」というファイルを、moreで閲覧してみてください。いくつかのエイリアス登録が記載されているのが確認できます。このエイリアスファイルに対し、「source （エイリアスファイル名）」と入力すれば、記載登録されているエイリアスがシステムに反映されます。今の場合ならば、「source ~/Desktop/setupMaezono/bash_alias」とすることで登録エイリアスをシステムに呑ませることができます。

ただ、このやり方では「エイリアスファイルが置いてある位置を覚えておく」という手間があります。通常、エイリアスファイルは、「普通はこの位置に、こういうファイル名で置く」という慣用法が決まっていますので、次にこれについて説明します。ホームディレクトリに戻って「ls」と叩いて出力を確認した後、今度は「ls -a」というオプション付きで叩いてみてください。.Xauthorityなどといった「ドット(.)から始まる名称のファイルやディレクトリ」が大量に表示されることがわかります。これら「ドット(.)から始まる名称」のものを**不可視ファイル**といいます。ファイルのなかでも「システムの設定などに関わるファイル」というのは、「一般的なファイル」（ユーザが作成した文書ファイル）と少し風合いが違うので、同じ「ファイルとして見えてしまう」のを避けるために、「特殊なオプションを付さないとデフォルトでは見えない」という風にしているのです＊1。aliasファイルも、この手のものと同列の不可視ファイルで、通常は「~/.alias」として配置しますので、「cp ~/Desktop/setupMaezono/bash_alias .alias」とします＊2。そうしたら一旦「exit」と打ってターミナルを閉じてください。

再度ターミナルを立てたら、「source .alias」と打ち、エイリアスが通る（「l」や「c」が効くようになる）ことを確認してください。以降、このエイリアスファイルを使っていきます。新しく登録したいエイリアスがあれば、.aliasに書いてある記載に倣って、次々と内容を増やしエイリアスを育てていくことができます。

tips ▶ エイリアスはもちろん、個人で勝手に設定してもいいのですが、特定のグループやコミュニティ内でエイリアスを共有すると共同作業などを大きく加速することができます。筆者のグループで共用しているエイリアスは、筆者が元々、在籍していたケンブリッジのグループでタウラー先生＊3が使っていたものです。世界中から、若い時期にこのグループに在籍して「CASINO」というシミュレーション手法を学んだ人たち

＊1　我々の日常生活でも、部屋にある冷蔵庫や椅子のほかに、あまり見たくないもの（臭い気体の分子とか、足元がうっすら消えている人物など）まで見えてしまうと、いろいろと不都合が生じます。

＊2　直前に同じ引数でsourceコマンドを叩いているので、ベタ打ちせずに上矢印キーで戻ってからCtrl+aで前に戻り、Ctrl+dでsourceという文字列を消してからcpと打ち、Ctrl+eで行末に移動して.aliasを追記するといったやり方ができれば大したものです。

＊3　Mike D. Towler博士。

が、その後、世界中に散ってそれぞれのグループを主催し、さらに若い世代の仲間が再生産されていくわけですが、そうした人たちが自分と同じエイリアスを使っていると、なかなか感慨深いものがあります。

3.2.2 起動時の自動実行設定

最後にもう一つだけ設定をしておきましょう。今のままですと、毎度ログインしてターミナルを立てるたびに「source .alias」と打たねばなりません。どうせエイリアスを使うことがわかりきっているならば、この操作もターミナルが立ち上がったら自動的に実行されるようにしておきます。これを行うには、「**~/.bashrc** というファイルの最後に『source ~/.alias』という一文を一行追記」することで目的が達せられます。「~/.bashrc」というのは「ターミナルが開くと自動的に実行される一連のコマンド」を登録するファイルになっているので、「source ...」を追記すれば、これもターミナル起動時に自動実行されるということになるのです。これを行うのに「~/.bashrc を emacs で開いて」作業してもいいのですが、この機会に **echo** コマンドや**リダイレクト**といった Linux の機能を習得しておきましょう。まず「echo 'AA'」と打ってみてください。「AA」という文字列がターミナル上に返値されると思いますが、「echo '文字列'」というコマンドは、文字列を「標準出力」に表示するというコマンドです。「標準入出力」というのは古臭い言葉ですが、現代では、ほぼ「キーボード入力が標準入力」で「ターミナルへの表示出力が標準出力」です[*1]。次に「echo 'AA' > temp」と打ち、「cat temp」としてファイルの中身を見てください。文字列'AA'は標準出力には表示されず、代わりに temp というファイルに書き込まれたことがわかります。「(コマンド) > (ファイル名)」というのは、「コマンドの出力をファイルに書き込め」という指令に相当します。こういう操作を「リダイレクト」(出力の「ホースの向き」を標準出力からファイル出力に「向けかえる (redirect)」といった語感) と呼びます。そうしたら、次に「echo 'AB' > temp」と打ち、「cat temp」で中身を確認しましょう。先程書き込まれていた「AA」は消えて「AB」となっています。リダイレクトに「>」を使うと、「追記して書き込むのではなく、すでに書いてある内容があっても更地にして上書きする」という動作になります。「追記して書き込みたい」という場合には「>」の代わりに「>>」を使います。「echo 'BB' >> temp」として、実際に temp の中身が意図したとおり (「AB」の次の行に「BB」が書き込まれているはず) になっているかどうか確認してみましょう。

＊1 昔は紙テープや紙カードといった「入出力装置」だったものです。

以上のecho文とリダイレクトを利用すれば、「~/.bashrcというファイルの最後に『source ~/.alias』を一行追記』という操作は、「echo 'source ~/.alias' >> ~/.bashrc」というコマンドで実行できることが理解できます。ちなみに~/.bashrcというファイルを眺めてみると、このなかでもいくつかのエイリアスが設定されていることが確認できますが、なかでも「alias l = 'ls -CF'」という一行が見つかります。先程、ターミナルを再起動してエイリアス設定がクリアされたにもかかわらず「l」が効いてしまった理由はここにあります。

3.3　「CASINO」のインストール

「CASINO」が格納されているディレクトリ「~/Desktop/setupMaezono/casino/」直下に移動して「make」と打てばインストールが開始するようになっていますが、現状では「CASINO_ARCH not set」というエラーを食らってインストールがコケてしまうことになると思います。これをクリアするために「export CASINO_ARCH=linuxpc-gcc-parallel」という一文を「.alias」ファイルの冒頭に加える必要があります（書き加える際には「=」の両側にスペースを空けないこと！）。書き加え方は後述しますが、この作業周りでもいろいろなコンセプトが出てきますので、これらをまず説明しましょう。

上記の「export ...」という文は、「『CASINO_ARCH』という**環境変数**に『linuxpc-gcc-parallel』という文字列を設定する」という意味になります。そうするとシステムが起動してから終了するまでの間は、アプリなりユーザなりが「CASINO_ARCHの値は？」と照会すると、「linuxpc-gcc-parallelになってるよ」とシステムが返値してくれます。アプリはこの機能を使って、自分がどのマシンのどんな環境にインストールされるのかを識別し、適切な設定/動作を選定することができます。今の場合でいえば、CASINOは今回のような自作クラスタのほか、本格的な商用スパコンやMacのノートパソコンにもインストールして使うことができるよう開発されているので、「どのコンパイラ[*1]を使ってインストールするのか」、運用するにしても「そのマシンは並列機？　個人用の普通のPC？」といったことをアプリ側で識別する必要があります。本書環境の場合、「linuxpc-gcc-parallel」という文字列が環境変数CASINO_ARCHに設定されていれば、適切にインストールされ運用できるようになっています。他のアプリでも同様に、「環境変数設定をこのように設定してください」といった手順が存在す

＊1　次節で説明します。

ることがあります。

環境変数の設定は原則、都度ターミナルでexportコマンドを叩いて行うのですが、.aliasの冒頭に記載しておけば、エイリアスを有効にしたタイミングで一緒に設定が完了します。筆者グループでは、必要な環境変数設定はすべて.alias上に記載するようにしています。.aliasを編集するには、「emacs -nw ~/.alias」と叩けばいいのですが、この作業も頻発するので、「setal」というコマンドでエイリアスをかけています。「**which** (エイリアスされたコマンド名)」とすると、そのエイリアスの実体は何かということが返値されます。

```
% which setal
  alias setal='emacs -nw ~/.alias'
```

そうしたらsetalを使って.aliasの冒頭に上述のexport文を挿入して編集を完了してください。これでいよいよ「先程のmakeを実行すれば……」と思うかもしれませんが、再度「環境変数を指定しろ」という同じエラーを食らいます。これは「.aliasへ追記した」という設定変更が未だ反映されていないためで、これを反映させるには、再度「source ~/.alias」を行って反映させる必要がありますが、この操作も頻発するので「fixal」というエイリアスに設定してあります（whichコマンドで確認してみてください）。これを実行した後、再度makeを実行するとCASINOのインストールが無事走り出します（終了までに数分かかります→図3.1）。

```
% make -j 4
    CASINO global MAKE information
      * CASINO_ARCH = linuxpc-gcc-parallel
    CASINO manual MAKE information
      * LATEX =
      ...
      ...(途中略)...
      ...
      F90      src > vmc.f90
      F90      src > plot.f90
      F90      src > plotter.f90
      F90      src > monte_carlo.f90
      LDF90    src > casino
```

図3.1　makeを実行した際の画面。プログラムがコンパイルされるのに数分かかる。

3.4　プログラム実行に先がけての舞台設定の把握

一皮むけた実務者になるためには、シミュレーションプログラムを実行するときに、漠然と「アプリを実行すると結果が表示される」と理解するのではなく、「どの実行可能形式ファイルを実行すると、どの入力ファイル群が読み込まれ、その出力はどこに吐かれるのか」という関係を明示的に理解してシミュレーションを扱うことが肝要です。たとえば「結果が表示される」というのは、先の標準出力という概念を使って述べれば、「実行されたプログラムが標準出力（通常は画面表示出力）に出力を吐き出した」と理解されます。スクリプトの利用を説明した際に、「実行可能のパーミッションをもつファイル (hoge) を、『./hoge』という形で実行する」ということを述べましたが、「プログラムを実行」といっているのは、こうした実行可能形式ファイル *1をコマンドとして実行していることを意味するというわけです。

3.4.1　コンパイラと実行可能形式

先程、「CASINO をインストール」したわけですが、これは具体的には「プログラム言語で書かれた CASINO の内容から**実行可能形式**ファイルを焼き上げる」ということを行っていたわけです。このような操作を「**コンパイル**」と呼びます。実行可能形式というのは、プロセッサが具体的に「メモリの何番地から、このデータをレジスタ A に移動させて、レジスタ B との和をとって、結果をレジスタ C にストアしておく」といった、「機械に対する動作指示書」のような内容となっていて**機械語**と呼ばれます。たとえていうなら、「521 + 1043 を計算し、その結果を 4 倍してから 0.8 掛けせよ」という人間の思考形式で書いてあるのが「**プログラム言語**での記述内容」だとすると、それをソロバンで計算する際、「どの指でソロバンのコマをどう動かして、それをどう読み取って、どこに結果を仮置きするか」という具体的な運指の指示に焼き直して書かれているのが機械語ということになります。「プログラム言語での記述内容」のことを、「実行可能形式を焼き上げる際の大元」ということで「**ソース**」と呼びます *2。

ソースをコンパイルしてプロセッサ動作の具体的手順に焼き直すにも、上手な焼き直し方もあれば、「え？　この作業はもっと簡略化/効率化できるんじゃない？」と思うような下手クソな焼き直し方もあります。たとえば 1 万個の配列変数に 2 を乗ずる計算をするソースとして、1 万回の繰り返しループ内で毎度毎度、変数 A に「2」を代入してから「各配列に A を掛ける」といった書き方をしたとします。

＊1　英語では executable file といいます。Windows マシンでは、よく「ウィルスの可能性があるから、メールで添付されてきてもうっかりクリックしてはダメ！」といわれる hoge.exe という拡張子のファイルがありますが、exe というのは「executable」の最初の 3 文字のことで、Windows システムでは「実行可能形式ファイル」の拡張子となっています。

＊2　NHK ニュースで、これを「プログラムソース = コンピュータプログラムの設計図」と説明していたのはお見事と思いました。

A に入るのは毎度毎度「2」なのだから、最初の一回だけ A に 2 を代入し、そのデータ領域は毎度クリアせず固定して使い回せば「代入は 1 回で済む」のですが、アホな**コンパイラ**がソースに書かれたままを愚直に機械語に翻訳すると、1 万回、毎度毎度、A に 2 を代入すべく、1 万回分だけ「レジスタに 2 を移動して……」といった操作が行われることになります。「『体を拭くから 40 度のお湯を準備して』といわれて、熱湯を汲んできて 40 度に覚めるまで延々と待っている」みたいな話です。賢いコンパイラなら全体的な構文を理解したうえで、「あ、この A への代入はループの外側に出せるな、出しても結果は変わらないな」と論理的に判断し、そのように実行順序を変更して機械語に翻訳します。もし「レジスタに 2 を移動」という操作が 1 秒かかるとするなら、賢いコンパイラで焼いた実行可能形式は、アホコンパイラに比べて 9,999 秒だけ速く計算を終えることになります。

シミュレーションでは高速計算が命なので、いかに「同じ結果を速く出せるか」を競っていろいろなコンパイラ・メーカが競争しています。無料のものもあれば高価なコンパイラもあります。また一つのコンパイラのなかでも様々な**コンパイル・オプション**が選べます [*1]。通常は「中辛レベル」を使うのが定石です。コンパイラはある種の人工知能で、人間の意図を完全に汲み取って構文を変更してくれるわけではないので、あまり尖ったオプションを使うと計算結果が違ってきてしまう危険があるからです。

tips ▶ 文字処理とか音楽ファイルの変換といったように、「あ、これ間違ってるよ、バグってるよ」と結果で明確にわかる場合ならいいのですが、数値シミュレーションの場合には、「このコンパイラだと結果が –0.74342 だけど、こっちだと –0.74232 なんだよな。どっちが正しい？」みたいな話になり、明確には誤りはわからないので、コンパイラ自体への信用/信頼性というのが重要になってきます。数値シミュレーション分野では現在でも、旧来の Fortran がしぶとく使われてきていますが、資材継承といった側面のほか、もう一つ大きな理由として「長年、厳しく使い込まれ数値的検証に耐えてきた Fortran コンパイラへの信頼性」といった側面もあります。

3.4.2 make を使ったコンパイル

本書の設定では gnu コンパイラを用いて CASINO のソースを機械語に焼いています。2.5 節に出てきたダウンロードスクリプト「01downloads」のなかを more

---

*1 「可能な限り構文をいじって速くする」(-Os)、「計算チェックのためにまったく構文をいじらず愚直に、ユーザさんの考えたとおりに計算を運ぶ」(-O0)、「中辛レベル」(-O3) などがあります。ただしコンパイラによって同じ記法でもオプションの意味が異なる場合があるので注意が必要です。上記の「-Os」は日立コンパイラの場合ですが（'s' は super とか special 的な意味合いか？）、gcc や Clang などでは「-Os」の 's' は 'size' の意味となり、「組込みシステムなどで好まれる小さな実行形式を吐く」というオプションになります。

で見てみると、「gcc-4.9」をダウンロードしていることがわかりますが、ここでコンパイラがシステムにインストールされていたのです。インストールをする際に「`make`」というコマンドを実行したわけですが、これについて少し説明しておきます。

CASINOのソースは、「...（省略）/setupMaezono/casino/src/」以下のディレクトリに格納されています。たくさんの「*xxx*.f90」というファイルがあり、各々をmoreで見てみると、Fortran90というプログラミング言語で書かれていることがわかります。シミュレーションのためのプログラムパッケージというのは、通常、何十年単位で開発保守されています。そのソースは「大量の部分ファイルの集合体」になっていて、複雑な依存関係をもっています。「このサブルーチンはこのファイルとこのファイルに引用されているから、当該サブルーチンを含んだこのファイルを先にコンパイルする必要がある。これがコンパイルされていれば、呼応して、このファイルとこのファイルはコンパイルが可能になる……」といった依存関係に注意しながら、順番を保って一つひとつ部分ファイルをコンパイルしていく必要が生じます。こうした作業を毎度繰り返すのは大変な苦痛ですし、事情を知らない他ユーザに「その手順に習熟しろ」というのも酷な話です。そこでコンパイル順序も自動スクリプト化して、「ただ`make`と打てば、スクリプト手順書に従ってコンパイルを進めてくれる」というのがmakeの機能です[*1]。デフォルトで`make`と打つと、その作業ディレクトリにあるMakefileというファイルが手順書として参照され、その記載内容に従ってコンパイルが進みます。本書の場合、...（省略）/setupMaezono/casino/以下にMakefileが存在しますので、3.3節の冒頭での「この位置でmakeを実行」ということになったのです。なお、現バージョンでは環境変数の代入や別ファイルの呼び出し/読み込みなどが複雑に錯綜しており、初学者には解読が難しい内容になっていますが、原則、このMakefileを読み解けば、「コンパイル時には、どのコンパイラを使い、どういう順序でコンパイルされているのか」といった様々な設定が理解できるというものになっています。

今回のコンパイルでは、環境変数CASINO_ARCHを「linuxpc-gcc-parallel」と設定していたので、CASINO はコンパイル時に「gcc を使うんだな」と自らを認識して、このコマンドを使って機械語を焼いていたのです。それでは「焼き上がった実行可能形式」はどこにあるのでしょう？　これは「~/Desktop/setupMaezono/casino/bin_qmc/linuxpc-gcc-parallel/opt/casino」

＊1　make自体も広汎な知識体系をなしていていくつも専門書があります。

の位置に焼き上がっています。「この場所に焼き上げる」ということも（解読は難しいですが）、Makefile 中にキチンと指定されていることです。

これまでに新たに現れたコマンドを以下に示しておきます。

```
alias
echo
source
make
export
which
```

筆者自作構築の

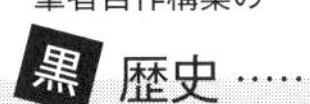

歴史…… 09 — サイエンスキャンプ

自作サーバ構築の立ち上げに汗してくれた初代管理者の学生が修士2年に上がった夏に、最初のサイエンスキャンプ[*1]を企画実施した。当時、居室に積み上がったPCパーツをヒマをみては1台1台設定し増設していたのだが、構築手順も十分マニュアル化されたし、真新しいパーツを開梱し組み上げるのは素直にワクワクすることなので「折角なら」と、新しいパーツを組み上げる都度、新配属の学生に経験させたりしており、ちょっとしたイベント性があるなと考えていたのである。そこで折角なのでマニュアルを整備して、サイエンスキャンプを主催し「自作好きの高校生」に体験させようと企画を行った。今では、こうしたアウトリーチ活動も、筆者グループですっかりイベントとして定着し、海外でも構築スクールを開催するまでになっている。ただ、提案企画に応募した当初は、事務部署の担当者が心配して「教員負担が大きく、これまでの実績でも、必ずしも質のいい高校生ばかりが参加するわけではない」という事情を説明してくれたが、題材的にも「マニアが集まりやすい」という点、志望人気的に十分勝算があり応募することとした。結果は大変満足のいくもので、毎年「8名枠に50名弱の応募」という人気企画となり、かなり濃く知的好奇心の高い高校生たちと刺激的な時間を過ごすことができた。

開催に先がけては、筆者の性格ゆえ、十分な予行を積んだ。3日間の時限で滞りなく設定が進まねばならないため、設定エラーなどのトラブルが起こった際に十分な回避策が練られていなければならない。参加者のスキルも未知であり、とくにタイピングに習熟していない生徒が参加した際にはどれほどの時間がかかるかわからない。そこで「まったくキーボードに触ったことのないズブの素人」を対象に予行演習を積んで時間カウントをしておくことが強く望まれた。近所の主婦の方々を3名集めて予行を行うと、筆者らでは想像のつかないような「復帰の難しいミス」を連発してくれて、これが教程編纂上、大きな助けになった。さらに「研究科内の別教員の息子さんと、その同級生2名」からなる中学生3名を対象に同じ予行を行った。実際には、参加の高校生たちはスキルが高く、初年度は時間に十分な余裕ができてしまうくらいであったが、こうしたイベントの緻密な段取りを企画させるのも、学生教育上、意義があるものだなと感じたものである。

＊1 科学技術振興機構主催の高校生向け体験合宿プログラム。平成 18 年から 9 年間行われていたが、筆者らのグループは平成 21 年度から終了年度まで毎年プログラムを提供していた。

3.5　CASINOの実行

3.5.1　CASINOの実行に必要な入力ファイル群

「シミュレーションを走らせる」というのは、上記の位置に焼き上がった「実行可能形式casino」が、適宜、**必要なインプットファイル群を読み込んで演算を行う**ということです。CASINOの場合、インプットファイル群は、

```
% cd ~/Desktop/setupMaezono/ioCasino/
% ls
   gwfn.data, input, si_pp.data, correlation.data
```

にある四つのファイルです。

「CASINO」が扱う**第一原理量子拡散モンテカルロ法電子状態計算**については、あくまでも題材ですので本編では詳細は述べませんが（付録A.1に簡単な説明を与えました）、上記のようなインプットファイル群構成は他のシミュレーションアプリでも割と共通ですので、四つあるインプットの役割分担だけ述べておきます：

【入力ファイル群】

- input
  シミュレーションプログラムの「動作モード」を規定する**標準入力ファイル**。「エネルギーを計算するモードか？　フォースを計算するモードか？」といった動作モード指定や、「何サイクルだけ計算を繰り返すか？」、「当該動作モードに必要な追加インプットファイルが配置されているディレクトリはどこか？」といったような情報が書かれている。
- gwfn.data
  一般入力ファイル「input」で指定された今回の動作モードで必要となる**補助入力ファイル**の一つ（量子多体問題における多体波動関数のデータ：反対称化される軌道関数のデータ）。
- correlation.data
  一般入力ファイル「input」で指定された今回の動作モードで必要となる追加入力ファイルの一つ（量子多体問題における多体波動関数のデータ：ジャストロ関数のデータ）。
- si_pp.data
  一般入力ファイル「input」で指定された今回の動作モードで必要となる追加入力ファイルの一つ（原子核からの実効ポテンシャルを記述する数値データ）。

なお、シミュレーションを回した後、結果として吐き出される出力ファイル群についても本書の範囲で述べておくと以下のようになります。

【出力ファイル群】

- out
  標準出力ファイル。シミュレーションアプリが読み込んだデータのサマリや、各ステージでの動作報告（「入力を読み込んでいます」、「正常に読み込み終了」、「計算開始」、「ファイル書き出し終了」……）、計算を開始/終了した時刻、計算に要した所要時間、正常/異常終了のメッセージといった内容が書き出される。
- vmc.hist
  メインとなるシミュレーション量の**履歴ファイル**（CASINOの例では、エネルギー値やサンプリング点数が毎ステップでどう変動したかが記録されている）。
- config.out
  次段計算に引き継ぎ用の**中間ファイル**。たとえば1ヶ月かかるような長大な計算は、1日程度で終わる適当な長さの計算を引き継ぎ継続させて進めますが（リジュームといいます）、その際にこのファイルが必要になります。このような「最終的には必要ないが、次段の引き継ぎ計算を始める際には必要となるファイル」は一般に**チェックポイントファイル**と呼ばれます。

CASINO以外のアプリでも「標準入力ファイル」、「標準出力ファイル」、「ヒストファイル（履歴ファイル）」、「チェックアウトファイル」といった**コンセプトは共通**となります。

3.5.2 まずは単コアで実行してみよう

前口上が長くなりましたが、いよいよ実行です。実行は常に入力ファイルが置いてある「作業ディレクトリ」から行います。先程焼き上がった「casino」というファイルは実行可能形式で、そのままコマンドとみなし得るものなので、作業ディレクトリからの相対パス指定で「`../casino/bin_qmc/linuxpc-gcc-parallel/opt/casino`」と打ってやればシミュレーションが走り出します（→図3.2）。シミュレーションが終わるまでの間（2分ほど覚悟）、コマンドラインの入力ができない「待ち状況」になりますが、シミュレーションが終われば制御権が戻ってきます[*1]。lと叩くと作業ディレクトリ中には新たにout/vmc.hist/config.outという三つのファイルが増えていることがわかりますが、outファイルが「標準

＊1 再度コマンドでの入力が可能になるという意味。

出力ファイル」で、それ以外が「シミュレーションが出力した数値ファイル」となります。標準出力ファイルというのは、シミュレーションの動作状況を吐き出して「正しく意図した計算が進んでいるかどうか」をチェックするものです *1。

```
% pwd
    ~/Desktop/setupMaezono/ioCasino/
% ls
    correlation.data    input
    gwfn.data   si_pp.data
% ../casino/bin qmc/linuxpc-gcc-parallel/opt/casino
    (ここで固まってしまい入力が出来ない状況が数秒続く...)
```

図 3.2　実行時のターミナル状況

out ファイルを more で見てみると、冒頭から数行後に「Sequential run: not using MPI」という一行を確認できると思いますが、これは「並列計算していない」ということを示しています（→図 3.3）。並列せずに「一つの演算器が淡々と順番にこなしていく」という語感なので、**シーケンシャル実行**と呼ばれます。次に out ファイルの末尾を見ると、「Total ... CPU time ...」、「Total ... real time ...」という行にそれぞれ秒数が表示されていますが、これが「計算にかかった時間」を示しています。前者は「CPU で演算器が回った全時間」、後者が「(演算器のデータ待ち時間などを含めて）実際に出力を得るまでに要した時間」を示しています。

```
% more out
    ...
         The Cambridge Quantum Monte Carlo Code
    ...
     Sequential run: not using MPI.
    ...
     Starting VMC.
    ...
     Total CASINO CPU time  : : :        0.0000
     Total CASINO real time : : :       13.9810
    ...
     Ends 2017/04/02 20:51:04.916
```

図 3.3　標準出力ファイル「out」の内容。ほかにいろいろな情報が出力されているが、当面は上記の出力情報にのみ注目すればよい。

並列計算に進む前に「プログラム実行に際してのコマンド操作あれこれ」を述べるため、もう一度、シーケンシャル実行を行ってみようと思います。再度、同

*1　細かな名称は違えど、大方のシミュレーション出力は、このように標準出力ファイルと「それ以外の数値出力ファイル」という構成になっています。

じ計算をやるためには、「rm out vmc.hist config.out」として、前回の出力ファイル群をクリアしておきます（そうしないと casino のほうがいろいろと世話を焼いて正しい実行時間計測ができないため）[*1]。そうしたら、さっきと同じように「相対パスでの casino ファイル位置を打ち込むこと」でシミュレーションを実行することができますが、実行直後、制御権が取られてしまった状況下で、今度は Ctrl+z でジョブを一時ペンディングにした後「bg」と打ちます。そうすると制御権がユーザに戻ると同時に、ジョブも再度「舞台裏」で走り始めます。前に 2.4.3 項で「Ctrl+z の後の fg」というのを述べましたが、「fg/fore ground」、「bg/back ground」という意味で、それぞれ「ペンディングした後に表舞台 (fg) に戻すか、裏舞台 (bg) で走らせるか」ということを意味します。シミュレーションに時間がかかる場合、バックグラウンドで走らせることで制御権をターミナルに戻して、別途作業を続けることができます。

制御権が戻った状態で数秒おきにエンターを叩いて様子を見ておくと、シミュレーションが終わったタイミングで Done という表示が現れます。前と同じように out ファイルの中身を見て、同じような結果が再度得られていることを確認してみてください。次に「!rm」と打ってみてください。先程指示した「直前のシミュレーション出力ファイル群の消去」ができたことが確認できると思いますが、この「**!（文字列）**」というのは「直前に実行したコマンドのなかで「文字列」（今の例だと rm）から始まるコマンドを再度実行」という意味になります。前に「history コマンド[*2]で過去のコマンド実行履歴を表示して番号を確認し、!（番号）で過去のコマンドを再実行」ということを述べましたが、「!」をこのように利用して過去のコマンドの再実行に活用し作業効率を向上させることができます。次に、再度 casino のシーケンシャル実行を行いたいと思うのですが、今度は「../casino/bin_qmc/linuxpc-gcc-parallel/opt/casino &」と打ってみてください。先程の「Ctrl+z をしてから bg」としなくても「（コマンド）&」と実行することで「**バックグラウンドとして実行**」という動作が実現します。

シミュレーションが回りだしたら top と打ってみてください。表示が現れますが q と打つと抜けることができます[*3]。top は「計算機の資源利用状況を確認する」というコマンドです。再度 top と打ち「%CPU」の欄を見ると、casino が 100%近くの使用率で回っている様子が確認できます。そうしたら q を打って抜け

＊1 「rm（ファイル 1）（ファイル 2）...」と複数の引数を指定して複数ファイルを一気に消去することができます。

＊2 h でエイリアスされています。

＊3 q というのは quit、つまり「やめる」という意味。「q と打って抜ける」という慣用を利用するユーティリティは割とたくさんあるので覚えておくとよいでしょう。

て `ls` と打ってみます。out/vmc.hist といったシミュレーション出力が吐き出されていることがわかりますが、「`cat out`」として out ファイルの末尾を見るとおそらく「Starting VMC」と書かれて終わっていると思います。シミュレーションが終了したときには、このファイルの末尾に実行時間が記載されるはずですから、これは未だ計算が回っている途中だということを意味します。`top` を叩いて「まだ計算が走っていること」を確認してみてください（→図 3.4）。top の画面から casino の表示が消えれば「シミュレーションが終了した」ということになりますので、再度「`cat out`」とすると、今度は out の末尾に実行時間の記載があるはずです。以上でシーケンシャル実行を用いた様々な実行操作練習は終了なので、「`mv out out01`」として「1 コアを用いた場合の演算結果を out01 として退避/保存」しておいてください。

```
Processes: 326 total, 3 running, 323 sleeping, 1248 threads            18:00:33
Load Avg: 1.47, 1.52, 1.45  CPU usage: 26.81% user, 2.17% sys, 71.1% idle
SharedLibs: 188M resident, 42M data, 52M linkedit.
MemRegions: 50086 total, 2304M resident, 94M private, 1087M shared.
PhysMem: 7500M used (1520M wired), 690M unused.
VM: 870G vsize, 627M framework vsize, 5958979(0) swapins, 6320433(0) swapouts.
Networks: packets: 519197/474M in, 399227/94M out.
Disks: 5357246/64G read, 974663/42G written.

PID    COMMAND      %CPU  TIME     #TH   #WQ  #PORT MEM    PURG   CMPRS  PGRP
13577  top          2.6   00:00.64 1/1   0    20    2972K  0B     0B     13577
13576  casino       99.4  00:13.61 1/1   0    13    13M+   0B     0B     13576
...
```

図 3.4　top コマンドを叩いたときの出力画面。下部の PID 以下に表示されるのが「どんなプロセスが CPU を使っているか」のトップリストで、casino が CPU を 99%超で利用している状況がわかる。

3.5.3　いよいよ並列実行！

out01 は残して、それ以外の「前回の出力ファイル群」を消去したら、今度はいよいよ並列実行をさせてみましょう。先程の「シーケンシャル実行でのコマンド捌き」の代わりに、今度は「**`mpirun -np 8`** `../casino/bin_qmc/linuxpc-gcc-parallel/opt/casino --parallel &`」とします。今度は先程の実行時間の 1/4 程度でシミュレーションが終了するはずです。「`mpirun -np` X（コマンド）」（上記の例だと $X=8$）というのが、「（コマンド）を X 並列で MPI 並列実行させる」という意味になります（MPI 並列については次章で後述）。割と速くシミュレーションが済んでしまうと思うので、もう一度、前回出力の消去を行って再度 8 並列で回し、回っている間に `top` を叩いてみてください。先程のシーケンシャル実行と違って、今度は八つの並列で casino が回っていることが確認できます。

一通り練習をしたら、「mv out out08」として「8 並列での実行結果」を退避保存しておきましょう。この際 out ファイルの冒頭で、先程のシーケンシャル演算で「Sequential run: not using MPI」と書かれていた場所に、この記述ではなく MPI 並列演算を行った旨が記載されていることを確認します。そうしたら同様の手順で、今度は 2 並列の場合、4 並列の場合、それから 16 並列の場合についてシミュレーションを行い、それぞれ out02/out04/out16 として保存しておいてください。

tips ▶ なお、「../casino/bin_qmc/linuxpc-gcc-parallel/opt/casino」という長ったらしい入力については、矢印キーを使って入力を省略しているものと思いますが、それでも毎度毎度、こういう長ったらしいパスを見るのは飽き飽きするものです。ここで more コマンドについて「which more」としてみると、このコマンドは本当は「/usr/bin/more」というパスに置かれた実行可能形式ファイルなのだということがわかります。「more input」の代わりに「/usr/bin/more input」と打ってみると、まったく同じ動作が得られることが確認できます。なぜ、more はいちいちそのパスまで付して打ち込まなくても、more だけでコマンドが通るのでしょうか。これは、システムに「/usr/bin/以下にある実行可能形式ファイルは顔パスで通してくれ」とあらかじめ設定を掛けているからです。これを「/usr/bin/に**パスを通す**」といいます。CASINO の例ならば、「/home/maezono/Desktop/setupMaezono/casino/bin_qmc/」に対してパスを通しておけば、いちいち長々と打ち込まなくても、casino というコマンドを more や mv、cp と同列に扱えるようになります。パスを設定するやり方はここでは省略しますが、上述の.alias ファイルを用いて事前に必要な場所にパスを通しておくことが可能です。

3.6 ノード内並列の実行時間比較

先程、保存/退避しておいた out01, out02, ..., out16 について、演算速度の比較を行ってみましょう[*1]。各ファイルの末尾に記載されている「CASINO real time」の結果をノートに書き取るというのではなく、ここでは、もう少し便利なやり方を習得します。「grep CPU out01」とすると、「out01 ファイル中の『CPU という文字を含む行』だけを抽出した結果を標準出力に表示」という動作が実現します。grep はこうした「**テキスト処理**を行うコマンド」の代表例で、ほかに grep/awk/sed といったコマンドが「テキスト処理の御三家」です。これらを使いこなすようになると、大方の表計算処理は「Excel など立てるのがバカらしくな

＊1 正確には、「同等の結果がキチンと得られていることを確認のうえ、それに要した時間を比較」すべきなので、結果の同等性を検証する必要がありますが、これについてはノード間並列まで述べた後に次章で述べます。

る」くらい効率的にこなせますが、これについては次章に詳しく紹介します。さらに「grep real out*」としてみましょう。out*というのは「out 某（なにがし）」と読み、「out から始まるファイル名をもつ諸々」という意味です。「*inp*」（某 inp 某）とすれば「途中に inp という文字列を挟むすべての文字列」という意味になり、この「某」を表す「*」を**ワイルドカード**と呼びます。「grep CPU out*」によって、out01, out02, ... , out16 までのすべての「CPU を含む行」だけがひと目で見られるようになったので、いちいちノートに書き取らなくてもコマンド操作だけで済んだことがわかります。ただ、いろいろといらない行も含まれているので、さらに「grep 'CASINO real time' out*」とすれば、いよいよ「ひと目で見てわかる表」が表示できることがわかります（→図 3.5）。

```
% grep 'CASINO real time' out*
out01: Total CASINO real time : : :      131.9200
out02: Total CASINO real time : : :       67.9300
out04: Total CASINO real time : : :       34.5210
out08: Total CASINO real time : : :       30.3700
out16: Total CASINO real time : : :       31.8220
```

図 3.5　実実行時間（じつじっこう時間）の比較。4 コアまでは「並列コア数が倍に増えると計算時間が半減して高速化」されるが、この例では「物理 4 コアのマシン」なので 8 コアでは鈍る。16 コア並列になると「マシンスペックの論理 8 コア」も超えて使用しているため性能は頭打ちになる。

表示された結果を眺めると、演算に要した時間について、1 コアから 2 コア、4 コアまでは「2 倍のコアを使うと演算時間が半分に減る」という意味で、おおよそ倍々にキチンと演算速度が向上している様子がわかります。4 並列を超えると性能が鈍りますが、これはプログラムの並列性が悪いからではなく、ここでのマシンが 4 コアまでしか備えていないことによります。もし皆さんが 8 コアマシンや 10 コアマシンをもっていれば、そこまでは、ほぼ直線に性能が伸びるはずです。4 コアしかないのに 8 並列までも若干性能が伸び続けるのは、このマシンが「**ハイパースレッディング**による論理 8 コア」を謳っているからです。物理的には四つの演算器しかないのですが、一つのコアがメモリからのデータ転送待ちなどで「演算器として働いていないヒマ」を見て、別の演算仕事を仕込むように設計することで、「論理的にあたかも 8 コアあるかのように見える程度」まで性能を高めたプロセッサになっているのです。論理 8 コアを超えて、さすがに 16 並列になると、結局「16 個並列処理はするけど、どうせ 8 人しか人手がないので、かかる時間は同じだよ」ということになり性能向上は生じていません。むしろ並列多重度が 16 に増えて、その分、通信も増えるので、実行時間は「通信のオーバーヘッド分」だけ若干増えてしまっています。

上記では「real time」という文字列でgrepをかけましたが、今度は「CASINO CPU time」でgrepをかけてみてください。そうすると16並列まで見事に倍々で伸びているような感じに見えます（→図3.6）。ただ改めてout16の末尾をmoreで見てみると、CPU時間のおよそ倍だけ実行時間がかかっている様子が露呈します。8並列までは、こういう様子はありません。これも「利用可能な演算コアの数を超えて並列処理をさせた」ため、CPU時間のカウントは減っても、実際には演算高速化には効かないという事情のためです（→図3.7）。

```
% grep 'CASINO CPU time' out*
out01: Total CASINO CPU time  : : :      129.6400
out02: Total CASINO CPU time  : : :       67.9000
out04: Total CASINO CPU time  : : :       34.5100
out08: Total CASINO CPU time  : : :       30.2600
out16: Total CASINO CPU time  : : :       15.9000
```

図 3.6 CPU時間（CPU演算器が回った時間積算）の比較。演算器のデータ待ちにかかる時間は積算されないから、16コアまで演算時間は半減されているように見える。

```
% cat out04
   ...
 Total CASINO CPU time  : : :       34.5100
 Total CASINO real time : : :       34.5210
   ...

% cat out16
 Total CASINO CPU time  : : :       15.9000
 Total CASINO real time : : :       31.8220
```

図 3.7 CPU時間と実時間との比較。物理4コアマシンなので、4コア並列の場合には両者にほとんど差はないが、16コア並列の場合、実際には4コアしかないマシンで16個に並列化されたタスクをこなすため、コア利用待ちが生じて両者に差異が出る。

お疲れ様でした。ここまででノード内並列については終わりです。本書題材「CASINO」以外のユーザアプリでも、「mpirunコマンドを用いて『各アプリの実行形式ファイル』を実行」というコンセプトは共通です。ただ、CASINOでも他のアプリでも、この利用の仕方では、演算ノードをたくさん準備してネットワークでつなげたとしても、アプリはノード内コアでしか並列されません。そこで次章では、一つの計算をノード間の演算コア資源で並列処理するためのセットアップについて学びます。

本章のまとめ

以下が「単ノード内並列演算作業マニュアル」としてのサマリになります。

- **エイリアス利用の確立**
  setupMaezono 以下に配布されているエイリアステンプレート「bash_alias」を「~/.alias」としてコピーし、ターミナル起動時にこれが有効となるように設定しておく：

```
% cd
% cp ~/Desktop/setupMaezono/bash_alias .alias
% source .alias
% echo 'source /.alias' >> ~/.bashrc
```

- **「CASINO」パッケージのインストール**
  casino ディレクトリ直下で make コマンドを用いてインストール：

```
% cd /Desktop/setupMaezono/casino/
% make -j 8
```

  本文中では単に「`make` と打つ」と指示しているが、上記は「8 コアを使って make によるコンパイル処理も並列化」する場合で、オプション「`-j 8`」を使っている。

- **「CASINO」をシングルコアで実行**
  配布されている例題ディレクトリ「ioCasino」直下で下記のコマンドをバックグラウンド実行：

```
% cd ~/Desktop/setupMaezono/ioCasino/
% ../casino/bin_qmc/linuxpc-gcc-parallel/opt/casino &
```

- **「CASINO」を 8 コア並列で実行**
  先にやり散らかした結果があれば、その出力をクリアし、mpirun コマンドを用いて並列実行：

```
% cd ~/Desktop/setupMaezono/ioCasino/
% rm out vmc.hist config.out
% mpirun -np 8 ../casino/bin_qmc/linuxpc-gcc-parallel/opt/casino
    --parallel &
```

- **同様に 2 コア、 4 コア、 16 コアなどで実行し計算時間を比較**
  それらの結果を grep コマンドを用いて性能比較：

```
% grep 'CASINO real time' out*
```

筆者自作構築の

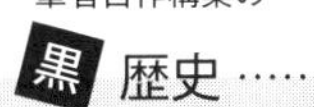

歴史……　10 — サーバ管理学生の確保

「経験のないメンバーをサーバ管理者に教育する」という教程が未確立の時期が続いた最初の5年間ほどは「腕に覚えのある学生メンバー」が運用構築や改良に寄与してくれた。なかでも、サイエンスキャンプで参加した地元の高校2年生が、大学進学を経て大学院修士修了までの8年にもわたり「学外からの準メンバー」として入り浸ってくれ、クラスタ周りの電子工作からLinux運用まで、しばしば自宅から遠隔でサーバ運用を援助してくれるなどの助力が大きかった。研究室正式メンバー以外でも、副テーマ配属＊[1]された別研究室の社会人学生（現役自衛官/当時、航空2尉）やまったくのボランティアでやらせてほしいと申し出てきた学生なども各種要素技術の確立に寄与してくれた。

「腕に覚えのある学生」を受動的に待っている時期に常に問題となったのは、サーバ管理学生を切れ目なく引き継ぐということである。2代目管理学生はサーバ管理を無事引き継ぎバッチジョブシステム化を進めるなど、その後のグリッド管理への道筋に大きく貢献してくれたが、この学生がグループに参加したのは、初代管理学生の修了後で、「すべての管理を学生任せ」にしていれば火が消えてしまうことがわかっていた。これに続く3代目学生のグループ参加も2代目の修了後で在籍オーバーラップがないのが少し残念なことである。

この時期は、サーバのディスクレス化＊[2]を進めたが、東京サテライトキャンパス所属の社会人学生が実装確立に大きく貢献し、結果、PXEサーバによるディスクレス運用が不安定ながら運用にこぎ着けた。これらディスクレス機はAMD/Phenom/6coreのCPUを用いたマシンで構築され、インテル以外の石＊[3]を使った最初の構築となった。

＊1 著者所属機関では米国型大学院教育を実施しており、学生は所属研究室テーマとは研究分野の異なる別研究室で 2 ヶ月程度の副テーマに携わらなければならない。

＊2 各演算ノードの起動 OS をネットワーク経由で読み込むことで、演算ノードのローカルディスクをなくす方策。演算ノードの戦死や制御不能は、ローカルディスクの故障がほとんどなので、その点で有効な方策。

＊3 CPU のことを俗に「石」といいます。

4章

ノード間並列をやってみよう

前章までは、あまり詳しい概念は導入せずにノード内並列を体験してきましたが、ここからはいよいよノード間並列です。本章では最初に並列処理に関わる基本概念を講じてから実習に進みます。後の実習に向けて、本章での座学の間に、2章で述べた手順のおさらいを兼ねて、演算ノードをもう1台準備しておいてください。

本章でも2章以降と同じく、下記の周辺知識を初学者向けに本文中で導入しています。習熟者は適宜、🔰マークを付した項は読み飛ばし、本章末尾の「まとめ」に進んでもらって構いません。

▶ この章で扱う内容

- **サーバを並列設置する**
  演算ノードをもう1台作成し、ネットワークで相互に接続できる環境を作るには？
- **ノード間並列の実行**
  ネットワークに吊るされた複数演算ノードがあるとき「これとこれで並列させたい」という利用形態をどう指定し、どうやって実行するのか？
- **プロットによる性能解析**
  並列によって十分な効率化が達成されたかどうかを、どう評価し、どう検証するか？

🔰 本章で導入する本筋以外の初学者向けコンセプト

- □ ping コマンドによる接続確保の確認
- □ ssh コマンドを用いた遠隔接続
- □ halt コマンドによるシャットダウン
- □ ssh-keygen コマンドによる公開鍵作成
- □ rsync コマンドによる同期、および、遠隔同期
- □ awk コマンドによる「何番目の文字列だけ」の抽出
- □ sed コマンドによる文字列置換
- □ gnuplot によるグラフ作成

4.1 並列処理の形態

4.1.1 プロセス並列とスレッド並列

並列処理を行うやり方は、大きくプロセス並列とスレッド並列に二分されます。これらの厳密な違いは複雑であり、きちんとした定義は専門書を参照してもらうとして、実務上は、ざっくりと

- プロセス処理：一つのジョブを複数のプロセスで並列して処理する
- プロセス処理＋スレッド処理：一つのプロセス内にさらに複数のスレッドを立てて並列処理を行う階層的な処理

と理解できます。たとえば、160 個のサンプリング評価をするのに、「(40 点サンプル) × (四つのプロセス) に担当させる」のがプロセス並列になります。ここで、一つのプロセスは 40 点のサンプリングを 1 点 1 点逐次計算することになりますが、ここでもし、サンプリング計算内に 1,000 回のループ計算があるならば、これを「50 回ループごと 20 本のスレッドに分割して並列処理」すれば、スレッド処理を行ったことになります。単に「1 プロセスあたり 40 点のサンプリングを 20 本のスレッドに各 2 個ずつ分担させる」というように、プロセス並列と同じ分散のさせ方をスレッド並列でも行うのではなく、異なる分散処理戦略を混ぜて使うやり方です。これを「ハイブリッド並列」と呼びます。並列に供する演算器資源が「メモリを共有できるか」、あるいは「個別のメモリ参照となるか」などに応じて、それぞれに適した分散処理戦略を有効に使いたい場合に、このような階層的な並列化を用います。

プロセス並列という概念の実装形態の一つが MPI 並列、スレッド並列に対する実装の一つが OpenMP [*1]といったところになります。いずれも「実装の一つ」ではありますが、時代が下って大方、これらがメジャーな地位を勝ち取って残ってきた経緯もあるので、実務上は

- 「プロセス並列＝MPI 並列」
- 「スレッド並列＝OpenMP 並列」

と呼んでしまってもとくに混乱はありません。

＊1 OpenMPI と混同しないように。こちらは MPI 並列を実現する一つのパッケージの名称。

4.1.2　ノード/ソケット/コアの区別

通常のPCでは「1マシン内には1CPU」であり、2000年以前には「1CPU＝1演算コア」だったので、とくに混乱の原因はなかったのですが、今では個人用PCでも「1CPU＝4演算コア」くらいになっています。この演算コアで並列に処理することで、ワープロ操作しながら、ブラウザでネット閲覧しても不便はなくなりましたが、昔は「しながら」をやると応答速度が低下したものでした。本書では「普通のPC用マザボ」で並列クラスタを作っているので、「1演算ノードは1CPU」ですが、さらに高価な「シミュレーション用マザーボード」では、1ボード上に2ソケット（二つのCPUを載せられる）という製品だったりします。さらに商用スパコンの場合、「ボードあたり4ソケットのマザーボード8枚を、さらに各社独自の特殊技術で密結合させて一つの筐体に仕込んで」1ノードとしているので、もし10コアのCPUを使っている場合には、「1ノードは8ボード＝32ソケット＝320演算コア」といった表現になります。

商用スパコンを使った高速化では、「ノード間はプロセス並列、ノード内はスレッド並列」といった使い方が標準的です。スレッド並列ではノード内の「スレッド間でメモリを共有し高速な密結合が必要な分散処理」をさせ、これと比べて疎結合となるノード間には「プロセス並列として仕事を分散させる」という方式をとります。プロセス並列は、サンプリングなど「明確に分散処理可能なレベル」で処理を分担させるので、その並列性能は「元々高くとれて当然」といった期待に大方沿うものとなりますが、スレッド並列では、プロセス並列内で「よく考えると、ここも分散処理できるな」といった場所を分担させるので、実務上は、せいぜい「1.6倍速くなった」といった程度で、あまり性能が上がりません。

本書で想定する環境のように、たとえば「M台の演算ノードを用い、各演算ノードは4コアの演算器をもつ」としましょう。このとき、合計で$M \times 4$個の演算コアが存在しますが、本書ではハイブリッド並列は行わず、$4M$個の演算コアに$4M$本のプロセスを並列させるという極めて素朴な使い方を解説します。このような使い方を「**フラットMPI**」と呼びます。本書で例示するアプリ「CASINO」を始め、多くの商用アプリには「OpenMPを用いたスレッド並列の機能」が備わっていますが、MPI並列に比べOpenMP並列（スレッド並列）での性能向上は上記のように、それほど劇的なものではありません。ハイブリッド並列は、ほぼブラックボックスとして使われることが多く、「ソフト開発者任せの事項」という風合いが強いこともあり、本書では触れません。

4.2　ノード間並列計算に向けての準備

3台目以降の設定は「ここでの単純な話の拡張」なので、ここでは、まず2台の演算コアを準備してノード間並列を体験してみましょう。

4.2.1　演算ノードをネットワークに吊るしてみる

2台の演算ノードのIPアドレスを「192.168.0.10」(以下、「10番サーバ」と呼びます)、および、「11」に設定し、これらを1台のネットワークハブに接続します。通常市販されている12ポート程度のギガビットハブで試してみればよいでしょう。さらに数十台並列規模に拡張する場合の対応については6章で後述します。

tips ▶ 筆者のグループでは元々、モンテカルロ計算用途に自作クラスタを使っていたので、あまりノード間通信の頻度は高くなく、したがって、ギガビットスイッチを「1桁安い100Mビットスイッチ」に取り替えてもほとんど性能が低下しませんでした（モンテカルロ計算では、各演算ノードが個別にサンプリング計算を進め、数万ステップに一度だけ、演算ノード間がスイッチを介して通信し、結果を集計したり作業を再分配したりします)。つまり、シミュレーションのほとんどの時間はスイッチ経由の通信が生じないので、スイッチでの通信時間が速い/遅いが、さほど全体の計算時間に影響を与えなかったのです。

一方、シミュレーション手法によっては「隣の演算ノードの結果を互いに常時やり取りしながら計算を更新していく」、「計算中に更新/参照する情報がメモリに収まりきらないので、スイッチ経由でファイルを読み書きしにいく」といったような算法をとるものもあります。こうした場合には、計算中にスイッチ経由の通信が頻繁に生じるので、スイッチでの信号遅延が計算時間に大きく影響するようになります。このように、スイッチの選定では「自分が走らせようとしているシミュレーション算法がどの程度の頻度でスイッチ経由の通信を行うか」を見据える必要があります。筆者グループでは今では主に密度汎関数法計算といった「もう少し通信頻度の高い計算」を走らせているのと、学内LANが10ギガビット標準で速いという事情があって、10ギガビットスイッチを使っています[*1]。ただし、マザーボードに標準で搭載されているのは1ギガビットのNICなので、別売りの10ギガビットNICに取り替える必要があります。

もし各演算ノードが正しくハブに接続されていれば、互いに相手のサーバに接続ができるはずですのでこれを試してみましょう。今、10番サーバ上でターミナル操作しているとして、11番サーバへの接続を確認するには、先方のIPアドレスを指定して「`ping 192.168.0.11`」と打ちます。正しく接続されていれば、

＊1　2017年現在で、30万円弱です。

```
...
64 bytes from 192.168.0.10: icmp_seq=1 ttl=64 time=0.094 ms
...
```

と表示されるはずです。もし相手に接続できることができなければ、代わりに「Request timeout for icmp_seq ...」といった表示になります。ping コマンドは「ある容量のパケットを指定の IP アドレスに送りつけて、その通信に何秒かかったかを調べる」コマンドですが、このように「ping を叩く」ことで簡便に接続確保の有無をチェックすることができます。

相手サーバへの接続が確保されていることを確認したら、今度は早速、相手ノードへの遠隔ログインを試してみましょう。192.168.0.10 側のサーバでターミナル操作をしているとして、そこから「**ssh** 192.168.0.11」と打ってみてください。11 番マシンのパスワードを求められますが、すべての演算ノードのパスワードを共通にしているはずですので（→ 4.2.2 項）、これを打ち込むと 11 番サーバにログインすることができます。ここで試しに「sudo **halt**」と打ってみてください。halt コマンドはサーバのシャットダウンコマンドです。これまでならば GUI の右上から「サーバをシャットダウンする」をクリックしてサーバを落としていたかもしれませんが、その実態は、こうした Linux コマンドの実行だったのです。落としてしまった 11 番サーバは、お手数で恐縮ですが再び起動しておいてください。

相手のサーバのログインさえできてしまえば、遠隔でも相手をシャットダウンさえできてしまいます。ssh コマンドは「ssh（サーバの IP アドレス）」とするのが基本の使い方です。先に述べた DNS が機能しているのならば、IP アドレスの代わりに「呼応するサーバ名」を使っても接続できます。シミュレーション研究では、大型スパコンなどを含めて「計算資源が常に手元にある」わけではなく、この ssh コマンドなどで遠隔につなげて計算ジョブを操作します。

tips ▶ Linux コマンドで遠隔につなげるためのアプリは iPhone などにも流通しているので、これらを用いて、山手線からでも北陸のスパコンにジョブを入れたり結果をチェックすることもできます。著者らは、英国にいたときには海を超えて、日本の茨城にあるスパコンでシミュレーションを走らせていましたし、今では、申請者グループのサーバでケニアや南アフリカからもジョブが流れていたりします。

4.2.2　公開鍵認証の設定

ノード間の並列計算というのは、ざっといって「ssh を使って相手サーバに入り込んで、相手の CPU にも計算を流して仕事を分担させる」ということです。なので「ssh で互いに接続できる体制」を確立することが前提です。ssh で普通に接続するとパスワードを要求されますが、分散処理を行うたびにパスワードを打ち込むのは非現実的です。そこで公開鍵方式を使って、接続先に鍵を登録しておくことでパスワード認証を省略して接続する体制を整えておきます。なお、公開鍵認証は並列計算だけに限らず、普段よく訪れるサーバへの通常の接続に対しても便利ですので、ぜひ、手順をマスターしておきましょう。

接続元のサーバ上で「ssh-keygen」というコマンドを叩くと公開鍵を作成することができます。この際、いろいろと入力を要求されますが、すべてデフォルトでよいので Enter キーを打ち続けます。そうするとホームディレクトリ以下に.ssh/という隠しディレクトリが作成され、ディレクトリ以下には、id_rsa と id_rsa.pub の二つファイルが見えるはずです。id_rsa.pub のほうが公開鍵で、そのなかに書かれているテキストの内容を接続先サーバに登録すれば、その接続先への ssh 接続には以降、パスワードなしで接続することができます。この「鍵登録」では、接続先にも.ssh/が存在する状況で、接続先の ~/.ssh/authorized_keys というテキストファイル中に、接続元の id_rsa.pub の内容テキストが書き込まれれば「鍵登録が済んだ」ということになります。

以上が公開鍵登録の基本です。ただし、「M 台の演算サーバそれぞれに鍵を生成し、すべての異なる鍵を、これまたすべてのサーバに登録する」のは膨大な作業で厄介ですので、「すべての演算ノードで同じ公開鍵を使う裏技」を使うことにします。10 番サーバ上で公開鍵を生成し、~/.ssh/以下で、「cp id_rsa.pub authorized_keys」とすることで、「この公開鍵を登録した authorized_keys ファイル」を作ります。そうしたら 11 番サーバを相手に

```
% cd
% rsync -avz ~/.ssh 192.168.0.11:~/.
```

とします。**rsync** は、「rsync（ディレクトリ 1）（ディレクトリ 2)」として使い、「ディレクトリ 1 の内容をディレクトリ 2 に同期する」というコマンドです。同期の方向を間違えると、更新すべき新しい内容のほうが逆に上書きされて消えてしまうという災難が生じますので、引数の順番に注意しなければなりませんが、これは「cp と同じ順番」と覚えておけば間違いはないでしょう。「cp -r」ではなく同期の rsync を使うと、「変更が生じたファイルだけを更新」ということになりますので、もし先方の.ssh/以下に他ファイルが存在していたとしても、それらを失うことなく所望のファイルのみが更新できるというわけです。「rsync（ディレクト

リ1)（ディレクトリ2)」の使い方において、「rsync（ディレクトリ1)（IPアドレス：ディレクトリ2)」とすると、ネットワーク越しの所望のIPアドレス先のサーバにディレクトリの同期をかけることができます。したがって、上記のrsyncというのは、「-avzというオプション指定で[*1]、現作業中マシンの『~/.ssh』ディレクトリを、『IPアドレス/192.168.0.11』の遠隔サーバ上の『~/.ssh』ディレクトリに同期する」という意味になります。こうすることで、まず、転送元（10番サーバ）と転送先（11番サーバ）は同じ公開鍵を用いることがわかります。そして、その公開鍵の内容は、転送元でも転送先でもauthorized_keysに記載されていることになるので、パスワード認証を必要とせず互いにログインできることになるわけです。

以上で準備が整ったので、早速、互いのサーバから互いにパスワード認証なしにsshで接続できることを確認してみてください。初回だけは「yes/noで入力を促される項目」があるのですが、yesで答えておけば（単にEnterキーを叩くだけ)、次回以降には、このような項目も消えて、何のキーボード入力なしにログインできるようになります。なお、並列シミュレーションの際に、この「yes/noの回答待ち」に遭遇すると、そこで演算が入力待ちになって進まなくなってしまうので、並列クラスタに接続された演算ノードに対しては必ず、この「yes/noイニシエーション」を済ませておく必要があります。実務上は「どこかの演算ノードが戦死して、OSインストールからやり直して戦列に復帰させたりした場合」に、このイニシエーションに起因したエラーが生じることがあります。この場合、「yes/noの回答待ち」のところで、

```
% ssh 192.168.X.Y
@@@@@@@@@@@@@@@@@@@@@@@@@@@@@@@@@@@@@@@@@@@@@@@@@@@@@@@@@@@
@    WARNING: REMOTE HOST IDENTIFICATION HAS CHANGED!     @
@@@@@@@@@@@@@@@@@@@@@@@@@@@@@@@@@@@@@@@@@@@@@@@@@@@@@@@@@@@
...
```

という表示が出ます。これは「以前の登録内容と齟齬がある。セキュリティ上、重大な疑いあり！」として接続が蹴られたことを示すのですが、その場合には、~/.ssh/known_hostsのファイルを消去して、「以前の登録内容」を忘却してもらいます。その代わり、次に接続を試みた際には、件のイニシエーションが再度生じますので、面倒ですがこれを済ませておきます。

＊1　同期を行う際、同期元に存在しないファイルを同期先でも消去するか否か、同期通信にファイル圧縮を使うか否かといったオプションです。詳しくはrsyncについてググって調べてみてください。

筆者自作構築の

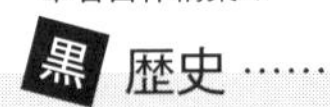

歴史…… 11 ― ラックマウントの変遷

初期のラックマウントは「マザボ2台ペアのネジ止め/自立型」であったが、個別ノードごとに結束バンドでワイヤ・シェルフに固定する方式に変更したということを述べた。19インチラックのように、スライド式で個別にスマートに脱着できるのがラックマウントの理想型であるが、安価にこれを実現できないものかといろいろと模索を行ったものである。シェルフの上下にスポンジを結束バンドで固定し、その間にマザボを挟むという方式は、非常に賢い方法だと思ったが、時間が経つに従ってスポンジがヘタってしまい良い方法とはなり得なかった。2010年度には若干、予算に余裕が出たのと、サーバ数も多くなったので、サーバを固定するフレームに予算を投入した。「ルービック」という会社がアルミ製の、割とユニバーサルなフレームを販売していたので、「mATX基板を固定し、かつ、スライドして引き出せるようなフレーム」を図面を引いて設計した。この自作設計フレームは、基板の出し入れはしやすいのだが、電源やHDDはフレームの外に設置する形となり、実際に使ってみると、隣接基板を稼働させながら、故障した基板のみを取り替えるという状況にあまり向いていないことが判明した。現在は、本文に述べた「しめしめ」を用いた方式に移行している。ちなみに、ルービック社のフレームは、筆者がやったような狭小なラックマウントを行うのでなければ、結構よく機能するので気に入っていた。会社としても、商品ラインナップも増え順調に見えていたのだが、なんと2011年冬に倉庫が火災を起こし、商品供給が数ヶ月不能となってしまった。その後、一旦、復活を遂げたが、現在は当該事業を取りやめてしまっている。

4.3 いよいよノード間並列計算！

4.3.1 計算の準備

計算に先がけて二つ準備事項があります。まず、ここまで各演算ノードの設定はまったく同じに行われている前提なので、どの演算ノードにもまったく同一のディレクトリ位置にCASINOの入出力ファイル、実行可能形式ファイルがインストールされているはずです。ファイルサーバを使った本格的なノード間並列環境構成は次章に述べますが、「演算に関わるファイルが同一ディレクトリ位置に置かれている」という前提のもとでは、ファイルサーバを使わなくても簡単にノード間並列を試すことができます。この前提が今回の「準備01」です。

準備02として、「どのマシンと組んで並列作業をこなすのか」についてしかるべき指定を記載しておくことが必要になります。今、10番、11番、...、13番と4台の演算サーバがあったとして、10番サーバを旗艦として[*1]最大4台で並列シミュレーションを行うことを考えます。その際、旗艦上には、「どの演算ノードが戦列に加わるかのリスト」となるマシンファイルを

＊1 ユーザが「このサーバからターミナル操作して計算を制御する」という意味です。

```
% cat machinefile
    192.168.0.10 cpu=8
    192.168.0.11 cpu=8
    192.168.0.12 cpu=8
    192.168.0.13 cpu=8
```

の形で置いておく必要があります。「cpu=8」の部分には、各サーバが演算コアをいくつ備えているのかを指定し、使ってほしい優先順位に応じてサーバを並べておきます[*1]。旗艦から並列計算を仕掛ける際に、mpirun コマンドに添えて、「mpirun --machinefile（ディレクトリ位置を込めたマシンファイル名）-np 16 ...」として実行してやることで、旗艦サーバは「必要に応じて」、ネットワーク上から演算資源を確保してノード間並列を行います（... の部分はノード内並列の場合と同じ→ 3.5.3 項）。もし仕掛けられた並列計算が 8 コア以下ならば、上記マシンファイルを参照すれば、これはノード内並列で済みますので、そのようにみなされて「旗艦サーバ内」で計算をこなします。一方、もし、これが 17 コア並列を仕掛けられたとしたら「リストの上から 2 台分（10 番/11 番サーバ）をフルに使って 16 コア分を確保し、足らない 1 コア分を、リストの次にある 12 番サーバから確保」して全部で 17 コアの並列計算を走らせます。

マシンファイルは各計算個別の作業ディレクトリ直下に置いてもいいし、あるいは「すべての計算を大概、同じ戦列でこなす」のならば、マシンのホームディレクトリ直下に置くのも手です。ホームディレクトリ下に置くならば、「mpirun -machinefile ~/machinefile -np 16 ...」として実行することになります。

4.3.2 いよいよノード間並列の実行

以上の準備が整えば、あとはノード内並列と述べたのと同じ手順でノード間並列を行うことができます。異なるのは mpirun 実行時にマシンファイルを指定するか否かだけです。ioCasino のディレクトリに行き、vmc.hist や config.out など以前に吐き散らかされた出力ファイル群を消去して[*2]（out01, out04... などといったファイル群は消さないように。後で性能の比較をする際に必要となります）、上記の「マシンファイルを用いた mpirun コマンド」を使って、2 ノード 16 コアの計算を行ってみましょう。計算が済んだら、「mv out out16_2nodes」とファイルをリネームしておきます。

＊1 本書の例では「物理 4 コア/論理 8 コア（→図 3.5）」のプロセッサを使っているので、「プロセッサあたり最大 8 コア分の負荷を担当してもらう」ということで「8」を指定しています。

＊2 この作業も頻発するのでスクリプトに組んでみるのもいいでしょう。

前章で「ノード内 16 コア並列」として行った out16 のほうでは、「CASINO CPU time」と「CASINO real time」での所要時間が、ほぼ倍になっていて、実質、8 コアの場合から高速化していなかったわけですが、今度の out16_2nodes の末尾を見ると、両者は、ほぼ同じになっていて、8 コアの場合からさらに高速化されていることがわかります。16 コア分の並列作業が、キチンと 2 台のマシンに分担されたため、このような高速化が得られたのです。

次に「本当に 2 台分のマシンでキチンと計算が走っているかどうか」を直接確認してみましょう。作業をしている 10 番サーバには、もう 1 枚ターミナルを立てて (Ctrl+Alt+t)、top を叩き、11 番サーバにもキーボードとモニタを接続して、こちらにもターミナルを立ち上げて、`top` を叩いてシステムを監視しておきます。そのうえで 10 番サーバから、直前計算の出力を削除し、再度、ノード間 16 コア並列の計算を走らせてみてください。各々のサーバで top 上に 8 コアずつの計算が走っていれば、これでたしかに 2 台で並列を分担していることが確認できます。

4.4 プロッタとテキスト処理の利用

ここまでで、ノード内、ノード間の計算結果が、out01/out02/.../out16_2nodes と出揃ったので、どのように計算速度が上がっているのかを、プロッタを使って調べてみましょう。最初に「`rm out16`」、「`mv out16_2nodes out16`」として、16 コア並列の出力を「意味のあるほうの結果」だけにしておきましょう。

4.4.1 テキスト処理習得のススメ

3.6 節で以前述べたように「`grep 'CASINO real' out*`」とすると、

```
out01: Total CASINO real time : : :       131.9200
out02: Total CASINO real time : : :        67.9300
out04: Total CASINO real time : : :        34.5210
out08: Total CASINO real time : : :        30.3700
out16: Total CASINO real time : : :        15.5850
```

と、結果をひと目で見渡せるように抽出表示することができます。これを、

```
01      131.9200
02       67.9300
04       34.5210
...
```

というように加工することができれば、これを gnuplot というプロッタに読ま

せることで、第1カラムを横軸、第2カラムを縦軸にして、計算加速の様子をプロットとして作成することができます。この加工をするのに、「grep 'CASINO real' out*」の結果をリダイレクトしてファイルを作成し、そのファイルを emacs で立ち上げて、要らない文字列を消去するなどという野暮なことをしなくても、grep/sed/awk といったテキスト処理の御三家を使いこなすことで、こうした処理を簡単に済ませることができます。

「grep 'CASINO real' out* | awk '{print $1}'」というコマンドを叩いてみてください。「|」の縦棒は、2.6.2 項で出てきたパイプで、後段の「awk '命令記述'」に前段の grep の出力が引き渡されるという内容です。「$1」の部分を $2、$3、... と替えてみて、何が起こるか理解してください。そうすると、「grep 'CASINO real' out* | awk '{print $1, $9}'」として、第1カラムと第9カラムだけを抽出することで、

```
out01: 131.9200
out02: 67.9300
out04: 34.5210
out08: 30.3700
out16: 15.5850
```

となり、何とか持ち込みたい形に近づけることができました。

さらに「out」、「:」といったムダなテキスト部分を消去すれば、gnuplot が理解できるプロット入力ファイルを作成することができます。これをやるには、「『out』を『空白』に置換」、「『:』を『空白』に置換」という操作を次々とパイプで施してやれば事が叶います。「grep 'CASINO real' out* | awk '{print $1, $9}' | sed 's/out/AAA/g'」と叩いてみてください。前段までの出力を「sed '（指令）'」にパイプで食わせているわけですが、「（指令）」の中身が「s/（文字列1）/（文字列2）/g」となっていて、「（文字列1）を（文字列2）に置換する」という意味になっています。冒頭の s は 'substitute'（置換）、末尾の g は 'global'（文書全体にわたっての操作）という意味です。そうすると、上記のコマンドは、文字列「out」になっている場所を、文字列「AAA」に置換するという意味になります。そうすると、上記の「sed 's/out/AAA/g'」の代わりに「sed 's/out//g'」をかませば、「『out』を『空白』に置換」ができるわけです。したがって、最終的には、「grep 'CASINO real' out* | awk '{print $1, $9}' | sed 's/out//g' | sed 's/://g」とすれば、我々がやりたかったことが実現します。これを保管しておきたいので、「grep 'CASINO real' out* | awk '{print $1, $9}' | sed 's/out//g' | sed 's/://g' > data」とリダイレ

クトをかましてファイルに出力します。

tips ▶ awk/sed/grep に関しては、ググってみれば際限なくいろいろな使い方を知ることができます。いきなり「全部読破する」だの「全部座学で理解する」といったことはせず、まずは上記の簡単な使い方だけに限定して、「キチンと暗記」して使ってみることです。習熟するに従って、「あ、こんなことは awk のオプションでできないかな？」、「これは sed のオプションにありそうだな」などと、「ソリューション存在に対する勘」がはたらくようになります。あとはググって都度調べることで、熟練していくことができます。一番強調したいのは、「その場ではちょっとした苦痛という代価を払ってでも、キチンと暗記しよう」ということです。筆者は、sed/awk/grep は知っており、都度、いろんな使い方に関する閻魔帳に Tips を書き込んで大切に使っていましたが、暗記する努力を払わなかったので、10 年以上も、「ああ、sed を使えばいいことはわかるんだけどな、あれ、どこに書き留めてあったっけ？　ファイル探して開くのメンドくせえな、ま、いっか。これくらいなら、エディタで編集しちまえ」となって、いつまでも定着しませんでした。腹を括って一度暗記してしまえば、「ああ、最初から暗記しとくべきだった」と後悔するほど、作業効率が向上しますので、ぜひ、暗記と実践を心がけてください。

4.4.2 gnuplot を使ってプロット

「cat data」として、

```
01 131.9200
02 67.9300
04 34.5210
08 30.3700
16 15.5850
```

といった形のデータが揃っていることを確認したら、これを gnuplot でプロットしてみましょう。まず「gnuplot」と叩いて、このプロッタユーティリティを立ち上げてみます（→図 4.1）。「gnuplot>」というプロンプトが出ますので、「q」と打つと抜けることができます（前に top コマンドのところでも出てきた「quit」（やめる）の意味です）。そうしたら、もう一度、gnuplot を立ち上げて、今度はプロンプトのところで「gnuplot> plot 'data'」と打ち込んでください。ここでもタブ補完が効きますので、data の部分は、d くらいまで打ってタブを叩けば、ファイル名を補完してくれます。そうすると、見栄えはよくありませんが、一応、プロットが作成されることがわかります（→図 4.2）。

次に、gnuplot のプロンプトで「p 'data' pt 7」と叩いてみてください。plot とフルに打つ代わりに「p」の 1 文字で代用できます。pt というのは「plot_type」のことで、「7」のところをいろいろな別の番号で試してみると、様々なシンボルの

```
% gnuplot
  G N U P L O T
  Version 5.0 patchlevel 5    last modified 2016-10-02

  Copyright (C) 1986-1993, 1998, 2004, 2007-2016
  Thomas Williams, Colin Kelley and many others

  gnuplot home:     http://www.gnuplot.info
  faq, bugs, etc:   type "help FAQ"
  immediate help:   type "help"  (plot window: hit 'h')

Terminal type set to 'x11'
gnuplot> p 'data' pt 7
gnuplot> p 'data' pt 7 ps 2
gnuplot> set xrange [0:17]
gnuplot> p 'data' pt 7 ps 2
gnuplot> p 'data' using ($1):($2) pt 7 ps 2
gnuplot> [ここにコマンドを打つ]
gnuplot> q (と打つとgnuplotから抜ける)

%
```

図 4.1　gnuplot の入力モードに入った際の表示

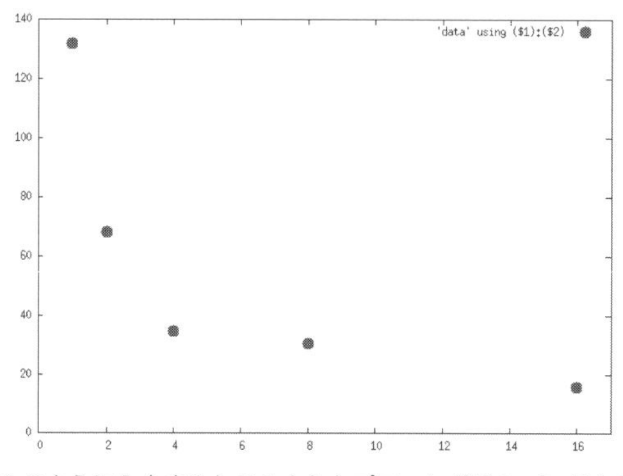

図 4.2　図 4.1 のように入力するとこのようなプロットが別ウィンドウで立ち上がる。

種類でプロット点が表示されることがわかります。gnuplot 内でも上矢印/下矢印キーを使って以前のコマンド入力に遡って再実行することができます。矢印キーで一つ戻って、「p 'data' pt 7 ps 2」と付け加えて実行すると、今度はシンボルのサイズが変わります。「ps」は「plot_size」のことです。

今のままだと、横軸の表示範囲が 16 までになっているため、16 コアのプロット点が右端ギリギリに来てしまい依存性が見えにくくなっています。そこで、gnuplot のプロンプトで「set xrange [0:17]」として、プロット範囲を 0 から 17 までに変更します。再度、矢印キーで戻ってプロットすると、もう少し見栄えのよいプロットになります。次に、「p 'data' using ($1):($2) pt 7 ps 2」としてみてください。「using ($1):($2)」というのは、「ファイル中の第 1 カラムの値と、第 2 カラムの値をそれぞれ、x 軸、y 軸に使って」という意味ですが、これが正式な書き方です。この部分を省略すると、自動的に第 1、第 2 カラムが x 軸値、y 軸値に使われます。

縦軸の計算時間は、ざっといって「コア数を倍にすると半分に減る」という法則で減少しているので、「$y = 1/x$」の依存性で減少するはずです。ただ寝起きで「$y = 1/\sqrt{x}$」のグラフを見せられて、それが $y = 1/\sqrt{x}$ なのか $y = 1/x$ を判別せよといわれるとなかなか難しいです（→図 4.3）。そこで、「data の第 2 カラム」に

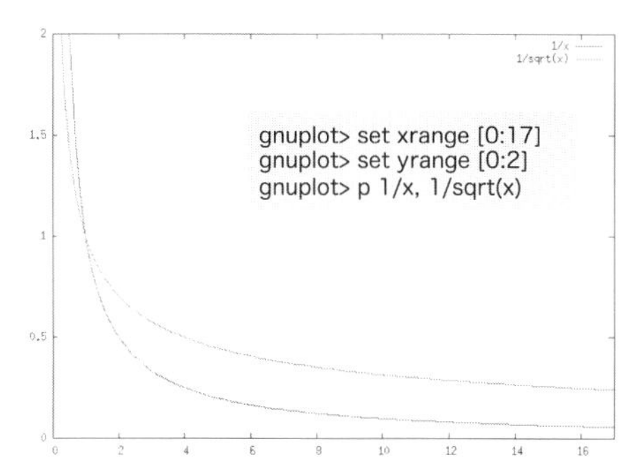

図 4.3 このように $y = 1/x$ や $y = 1/\sqrt{x}$ の関数グラフを表示することもできる。両者のグラフの曲がり具合を「寝起き」で区別できるか？

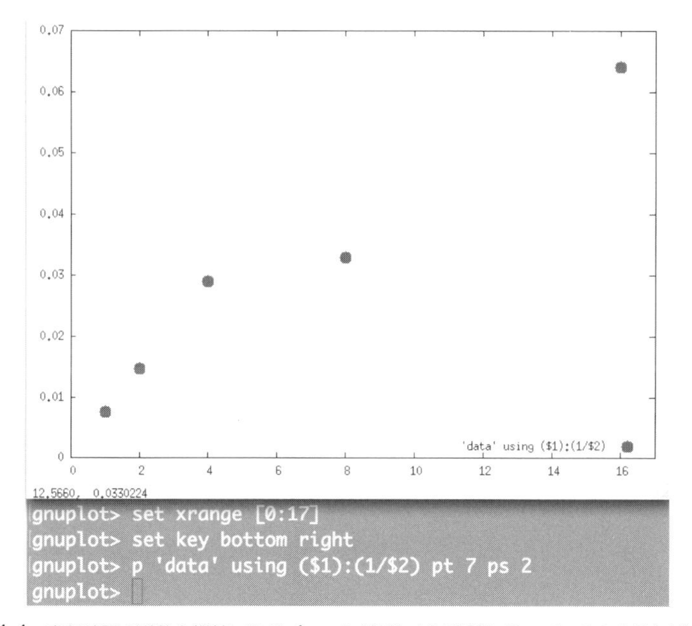

図 4.4 実行時間の逆数を縦軸に取りプロットがどれだけ直線に乗っているかを見れば、並列性能の向上をひと目で判断することができる。

格納されている実行時間の逆数を縦軸に取れば、もし、実行時間がコア数の逆数で減少しているなら、「実行時間の逆数」はコア数に比例するはずです。「プロットが直線に乗っているか否か」は、寝起きのボケた頭でも比較的簡単に区別することができます。「`p 'data' using ($1):(1/$2) pt 7 ps 2`」と打つと、これが叶います。4並列までは直線に乗って性能が伸びている様子がわかりますが（→図4.4)、8並列のところで鈍ってしまい（プロセッサに物理的には4コアしかないため)、16並列では若干上昇するといった様子を知ることができます。プロットの見栄えとしては、右上に表示されている凡例が邪魔と感じると思います。「`set key bottom right`」としてから再度プロットすると、凡例は右下に移り、もう少し見栄えの良いプロットを作ることができます。gnuplotから抜けるには再度、プロンプトで「`q`」と打ちます。

筆者自作構築の
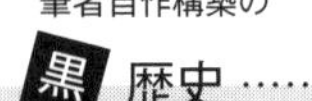
歴史……　12―バックアップ体制整備とrsyncの利用

高コストをかけて得られた計算結果は貴重な財産であって、これらのバックアップは万全たる必要がある。Macの環境ではTime Machineという差分バックアップアプリが使い勝手のよいツールを提供しているが、脱Mac GUIということで、Linuxで差分バックアップを行うアプリを導入・運用を試みた時期がある。当時、pdumpfsというユーティリティがこれを実現したが、素朴な運用をすると、ディスクが満杯となった段階で止まってしまい、これに気づかず数ヶ月バックアップなしとなっていてヒヤヒヤした経験をした。こうしたことから「バックアップファイルシステム自体は手元の居室に置こう」と考えた。この時期までにはrsyncを使った遠隔ファイル同期に習熟していたので、手元Mac機にクラスタ機のファイルシステムとのミラーリング同期を掛けておき、かつ、このミラーリング内容を、Mac機上でTimeMachineにて別ディスクに差分バックアップするという愚直な方策をとった。

2010年時点で、バックアップ対象となるファイル領域は、総合実験棟のクラスタ機2種、中間棟に設置したクラスタ機、クレイ社、Appro社、SGI社の各商用スパコンに加え、外部のスパコンがこれらに加わり、そのすべてを個別にバックアップするようMac miniを各1台設置し、各機それぞれに同期と差分バックアップ用に2枚の外付けHDDを設置のうえ、バックアップを行っていた。このため、しばしば、居室の回線が遅くなるような事態も引き起こされた。こうした反省がやがて「すべてのファイル領域を一つにまとめたい」という「統合ファイルサーバ」への方向性に自然につながっていった。

4.5　高速化性能向上の解析

4.5.1　結果は整合しているの？

3.6節でも少し注意しましたが、演算が速くなった速くなったといっても正確な結果が出ていなければ意味がありません。果たして同じ結果がキチンと得られているのでしょうか？　これをチェックしてみましょう。本書で題材としているCASINOは、物質のエネルギー値を乱数シミュレーションで統計推定量として計算するシミュレーションプログラムです。今回の入力ファイルでは、シラン(SiH_4)分子の基底エネルギー値が計算されています。out01ファイルを見てみると、その末尾近辺に、

```
FINAL RESULT:
   ...
 VMC energy (au)    Standard error      Correction for serial correlation
-6.305218356321 +/- 0.000576112002      No correction
   ...
```

という下りを確認できると思います。これは、算定された「基底エネルギーの平均値（−6.30...の部分）」とエラーバー（0.00057...の部分）を示しています。乱数を使った統計シミュレーションでは、用いる乱数によって毎回サンプリングの結果が異なるため、このエラーバーの（「+/−」で示された）幅程度には平均値に不確定さが残るという意味になります。

「grep 'No correction' out*」として確認してみると、ざっといってエラーバーが互いに重なり合う結果（つまり統計推定量として同じといえる結果）が得られていることが確認できます。awkとsedを使ってresultsというファイルに

```
01 -6.305218356321 0.000576112002
02 -6.305948275807 0.000490691945
04 -6.304929494737 0.000476977610
08 -6.304577342329 0.000477079527
16 -6.305156815945 0.000471625400
```

という形で書き出してみてください[*1]。

gnuplotを立ち上げて、「p 'results' using ($1):($2) pt 7 ps 2」とすると、2カラム目の平均値が縦軸値にプロットされた図版が表示されますが、これでは「統計推定値が互いに大方同じになっている」という事実を見てとることはできません。「p 'results' using 1:2 pt 7 ps 2」とすると同じ図版が出力されますが、先程の例のように(1/$2)といった細工をしない限りは、$記号は省略することができます。そうしたら次に、「p 'results' using 1:2:3 w yerr pt 7 ps 2」としてみてください。「w」は（笑）という意味ではなく「with」の省略になっていて「using 1:2:3 w yerr」は、「y値エラーバー付きのプロット

1「grep 'No correction' out | awk 'print $1, $2, $4' | sed 's/out//g' | sed 's/://g' > results」あたりになります。

で、第3カラムの値をエラーバーとする」という意味になります。再度、16コアの値が右端に来て見づらいので、「set xrange [0:17]」としてからプロットし直すと、エネルギー値が大方、エラーバーの範囲で重なり合っており、「統計推定値としては同じ結果が得られている」と確認できるプロットが出来上がります（→図4.5）。

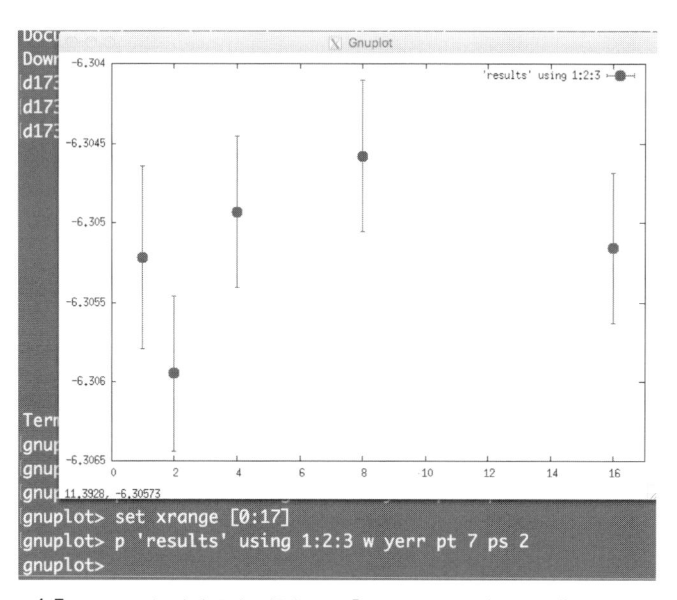

図4.5　エラーバーを表示する場合には「1:2:3 w yerr」という指示を使う。

4.5.2　強スケーリングと弱スケーリング

ここまでは、「同じ入力ファイルを用いて、計算がドンドン高速化されていく」という様子を見てきました。入力ファイルには、「何並列でやるかは問わないが、とにかく16万個のサンプリングを集めて平均してくれ」といった設定がなされているので、2コア並列でやればコアあたり8万個、4コアでやればコアあたり4万個の負荷となり、計算が倍々で高速化されたわけです。倍々よりも高速化が鈍ってしまうのは、通信や読み込みが、単コアでやるよりも多数コアでやるために時間を食ってしまったためで、これを**オーバーヘッド**と呼びます。並列性能を上げるためには、オーバーヘッドに対して、並列で走る部分の割合をうんと大きくとることが肝要です[*1]。

並列性能の評価の方法として、「演算量を一定にして、演算コアが倍になったら

＊1　いいタイミングなので、ぜひ、「**アムダールの法則**」で調べてみてください。

演算時間は半分になるか」という発想のほかに、「演算コアが倍になったんだから、倍の演算量を与えたときに、同じ演算時間で処理できるか」という発想での測り方が可能です。前者を「**強スケーリング**の性能をとる」、後者を「**弱スケーリング**の性能をとる」と呼びます。スパコンの並列性能を計測する場合には、両方のデータ提出を求められることが普通です。早速、CASINO を用いて、弱スケーリングの性能評価をとってみましょう。

ioCasino/以下で、

```
% mv input input_strong
% cp input_weak input
```

として弱スケーリング用の input ファイルをセットします。「`mkdir strong`」、「`mv out* strong`」として、以前の強スケーリングの結果を「strong」ディレクトリ以下に退避したうえで、作業ディレクトリ上に残っている以前の計算結果 (vmc.hist/config.out/out) があれば、これらをクリアします。そのうえで、4.3.1 項の記載に従って、ノード内での 1 コア並列、2 コア並列、4 コア並列と、ノード間の 8 コア並列を回してみます。以前と同じように、各計算の out ファイルを、out01, out02, ... とリネームしておいて、「`grep 'CASINO real' out*`」として実行時間を比較してみましょう。大方、同じくらいの実行時間となり、弱スケーリングの性能もよく出ていることがわかります。もし、これが「ノードを跨ぐと、ちょっと時間がかかってしまう」という結果になったならば、ノード間通信にかかるオーバーヘッドが時間を食ってしまっていることを示す解析結果になります。

4.5.3 弱スケーリングでの利得

強スケーリング評価の場合、いずれの計算でも総サンプル数は変わらなかったので、それぞれの結果におけるエラーバーの幅は同程度でした。エラーバーの幅というのは「ここまでの範囲までしか予測が絞り込めないよ」という不確定性に相当します。サンプリング数をたくさんとれば、サンプリング数 N に対して $\sim 1/\sqrt{N}$ でエラーバーの幅、すなわち、予測で絞り込める範囲が狭まります。統計シミュレーションでは、いかに高速に（同じ時間内により多くのサンプリング点数を処理して)、エラーバーの幅を絞るかについて計算機パワーを活用するといったものになります。

この文脈でいえば、「強スケーリングで性能が高い」というのは、「同じエラーバー（予測精度）を達成するのに、演算コアを倍にすれば、所要時間は半分で済むよ」という意味で成績がよいということに相当します。一方、弱スケーリングの場合には、「演算コアを倍にすれば、同じ所要時間で、エラーバー（予測精度）をもっと絞り込めるよ」という意味で成績が高いかどうかということに相当します。

「grep 'No correction' out*」として、弱スケーリングでの各計算結果のエネルギー値とエラーバーを見てみると、

```
out01: -6.300336354929 +/- 0.001705813791      No correction
out02: -6.306134553810 +/- 0.001082737318      No correction
out04: -6.305630227649 +/- 0.000759711456      No correction
out08: -6.305035436054 +/- 0.000554929158      No correction
out16: -6.304732959553 +/- 0.000383476658      No correction
out24: -6.305099729959 +/- 0.000312265415      No correction
```

となり、同じ演算時間で、たしかにエラーバーを縮めることができていることがわかります。「grep 'No correction' out*| awk 'print $1,$2,$4'| sed 's/out//g'|sed 's/://g' > weakRes」あたりで、結果を整形してファイルに書き出し、gnuplot で「gnuplot> p 'weakRes' u 1:2:3 w yerr」とすると [*1]、エネルギー値がエラーバー付きでどのように変化するかを見ることができます。弱スケーリングでは、使用コア数が大きくなれば、統計サンプルが倍々で

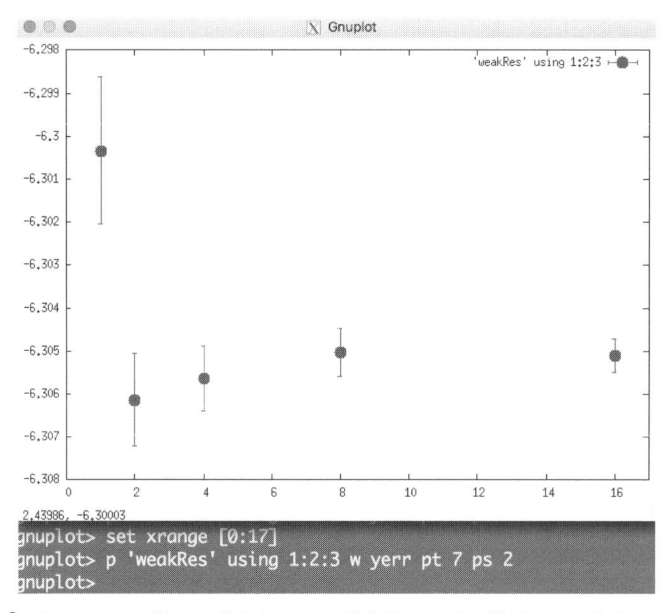

図 4.6　弱スケーリングによる性能向上。コア数を倍にすると（横軸の 1 目盛り右に進むことに相当）、同じ演算時間でもエラーバー幅が絞られる。

＊1　'p' は plot の意味、'w' は with の意味です。

増えていくので、統計推定値として、より信頼性が増します。グラフが右に行くに従って、結果がエラーバーの範囲に収束していく様子がわかります（→図 4.6）。1 コアの結果は統計サンプル数が小さいためか、値が少し外れている様子もわかります。

次に、この結果がコア数依存性として「期待される結果」になっているかどうかを検証してみましょう。統計のサンプル数を n としたとき、エラーバーは理想的には $\sim 1/\sqrt{n}$ で減少することが知られています。今、n はコア数 N に比例するので、エラーバーをコア数に対してプロットしてみて、$\sim 1/\sqrt{N}$ になっていれば、「理想どおりの期待される結果」が得られたということになります。「gnuplot> p 'weakRes' u 1:3」としてプロットすると、3 カラム目のエラーバーを縦軸に、コア数 N（1 カラム目）への依存性を見ることができます。たしかに何となく $\sim 1/\sqrt{N}$ で減少しているようには見えます。ただ、例によって「寝起きで $\sim 1/\sqrt{N}$ のグラフを見て、$\sim 1/N$ と区別がつくか」といわれると、これでは少し心許ないですね。今、エラーバー値を ΔE とすれば、c を定数として $\Delta E = c/\sqrt{N}$ の依存性に乗っているかどうかを検証したいので、たとえば、$1/(\Delta E)^2 \propto N$ となることを利用して、「gnuplot> p 'weakRes' u ($1):(1/($3)**2)」とプロットすれ

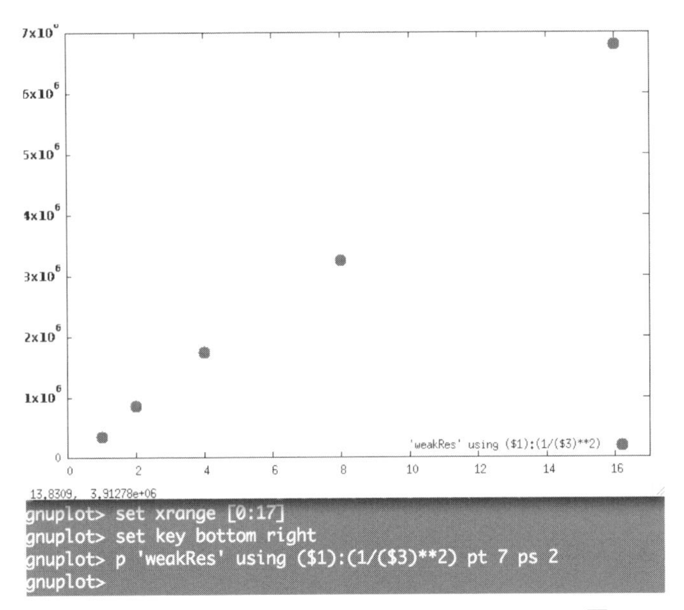

図 4.7 弱スケーリング計測では、エラーバーは横軸 N に対して $\sim 1/\sqrt{N}$ で減少するので、エラーバー値の自乗の逆数をプロットすれば、横軸に対して直線になることが期待される。

ば、プロットが直線に乗っている様子をもって、$\Delta E = c/\sqrt{N}$ の依存性が実現されていると判断することができます（→図 4.7）。

あるいは、$\Delta E = c/\sqrt{N}$ から両辺の対数をとって、$\log(\Delta E) = \log c - (1/2) \cdot \log N$ となるので、「gnuplot> p 'weakRes' u (log($1)):(log($3))」として $\log N$ に対する依存性をプロットしたとき、傾き 1/2 の直線に乗るかどうかで検証することもできます。「gnuplot> p 'weakRes' u (log($1)):(log($3)), -6.4-0.5*x」として $y = -6.4 - 0.5x$ のグラフと重ねてプロットすれば（「-6.4」の部分はグラフを見て目分量で切片値を調整）、傾きが本当に 1/2 になっているかどうかを確かめることができます（→図 4.8）。

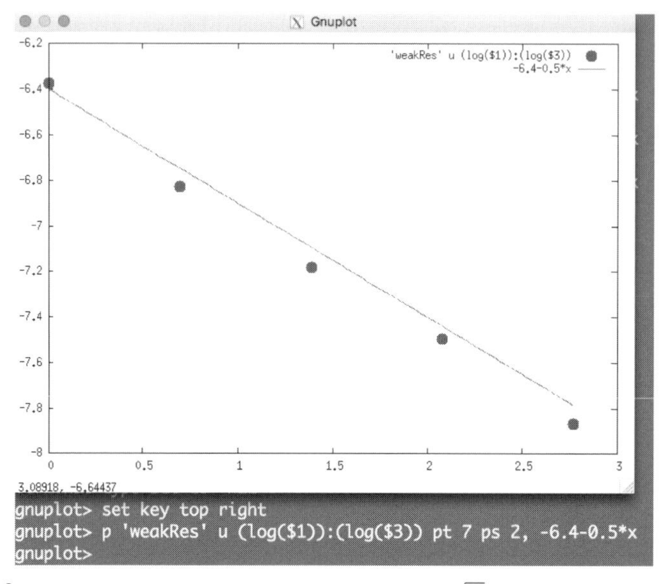

図 4.8　弱スケーリングでのエラーバーの N 依存性 $\sim 1/\sqrt{N}$ より、対数プロットをとれば傾き $-1/2$ の直線に乗ることが期待される。

4.5.4　一般的な並列アプリでのスケーリング性能

1章の図 1.2 でも述べましたが、並列版シミュレーションアプリについて常に高いスケーリング性能が期待できるわけではありません。「CASINO」をはじめとするモンテカルロ計算の場合には、「サンプリング点数をプロセス並列に割り振る」という形で分散処理に乗りやすく、かつ、プロセス間は互いを参照し合うことなく独立に演算を進めることができるため高いスケーリング性能を達成します [*1]。

＊1　筆者が経験した範囲では、京スパコンを使って 53 万並列でほぼ 53 万倍の性能向上を達成したことがあります。

一方、密度汎関数法や分子軌道法など自己無撞着方程式解法系のシミュレーション、あるいは流体連続体など偏微分方程式系のシミュレーションでは、演算コアごとの分散処理に切り分ける際に、どうしても演算器間の相互参照が避けがたく、スイッチ経由の通信が多くなるため、スケーリング性能の向上には多大な努力が必要ということになります。図 1.2 にも示したように、数十演算コアの範囲で性能が鈍ってくるのが普通と考えてよいでしょう。スケーリング性能向上に向けて、ユーザレベルでできることは限られており（プロセス/スレッド並列への資源割り振りについてアプリの推奨に従って調整するなど）、根本的なスケーリング性能向上の手段は専門の開発者に委ねる（新たなバージョンを待つ）くらいとなってしまいます。

ここまでで、別個複数の演算サーバに分散処理させた並列計算について習得することができました。次章では、この計算資源を遠隔接続して利用する方法や、演算入出力ファイル群を専用のファイルサーバ上で管理し利用する方法について学びます。

本章のまとめ

以下が「演算ノードを並列させて計算する」のサマリになります。

- **サーバを並列設置する**
  ネットワークハブに吊るして ping で接続を確認（→ 4.2.1 項）。公開鍵認証を設定し、演算ノードが互いにパスワードなしで ssh 接続できるようにする（→ 4.2.2 項）。

- **ノード間並列の実行**
  「ネットワークに吊るされた演算ノード資源をノード間でどう利用するか」を記述したマシンファイルを準備する。マシンファイルを参照した「`mpirun -machinefile` [マシンファイル] ...」コマンドでシミュレーションを走らせると、ノード間並列が実現される。

- **プロットによる性能解析**
  実行時間を縦軸、ノード数を横軸にしてプロットの依存性から並列性能を検証する。 grep/awk/sed コマンドとパイプ、リダイレクトを組み合わせてテキスト処理し、 gnuplot でグラフ化する。

● 強スケーリングと弱スケーリング

性能検証のアプローチとしては、

– 強スケーリング検証：同一量の演算タスクの処理時間を、演算コアを多く使うことで短縮できるか
– 弱スケーリング検証：コアあたりの演算タスクを同一としたとき、演算コアを多く使うことで時間あたりにこなせる処理量を増やせるか

の二つがある。

強スケーリング検証では「演算時間がコア数の逆数で減少しているか」を検証する。弱スケーリング検証では「倍の演算タスクを、倍のコア数で本当に同一時間で処理できるか」を検証する。

● モンテカルロ計算での弱スケーリング

モンテカルロ計算の場合、弱スケーリングは、「倍の並列コアを使い、同一時間でエラーバーを $1/\sqrt{2}$ に絞れるか」という検証と等価になる。

筆者自作構築の

黒歴史……　13 — unifiedサーバの設置とグリッド運用化

自作クラスタの大きな利点の一つは、設備投資を漸次的に行えることにある。額面上も消耗品扱いとなるため、資源増強やリプレイスに非常に大きな自由度を確保できる。主に電源容量の制限から1箇所にクラスタ機を集中設置することは難しいが、個別マシンの物理的容積も消費電力も小さく、設置方法もフレキシブルなので「数台分はこのサーバ室、別の数台分は別のサーバ室」といったように分散設置が可能で、筆者グループもこの方策で分散設置を進めてきた。2009年の稼働開始以来、学内に分散した各サーバ室のクラスタや複数の学内スパコン、および、外部利用のスパコンといった計算資源は「別々」にファイルシステムを運用し、各ユーザ個別のPCから直接「別々」に計算資源にログインして利用する形態をとっていた。

ただ、そうすると、あるクラスタ機が混んできて、別のクラスタ機が比較的空いているという状況でも、そのたびにファイル転送を行う必要があると手順の煩雑さが「小さな躓き」となり、どうしても「空いてる別クラスタ機に移行して計算を行おう」という気が削がれてしまう。結果、中間棟という建屋に設置されたクラスタ機は、当時の最新機であるにもかかわらずほとんど利用されず、スパコン設置室に置かれたXserve機もほとんど計算が回っていないという状況が目につくようになった。

そこで、unifiedと名付けられたフロントエンド機を設置して「常にここにログインして、ここから計算資源にアクセスする」という運用として、すべてのファイルもここに一括統合同期管理することにした。このフロントエンド機から、各スパコンやクラスタ機にバッチジョブを投入し、必要なファイルはその都度、ステージングで各計算資源に送り、計算結果を取り戻すという形式をスクリプトで整備した。これにより、随所に分散したスパコンやクラスタ機など各計算資源を、あたかも「unified機から利用可能なキュークラス」として扱うことが可能となった。この体制に移行することで、前コラムに述べた「各資源毎に差分バックアップをとる」とか「各資源に分散した計算ファイルを統合するための保守作業」からも晴れて解放されるようになった。

5章

並列クラスタ機として構成してみよう

ここまでで並列計算を行う道具立ては揃いましたが、(1)「演算ノードに直接モニタとキーボードを接続し、演算ノード設置場所で作業を行わねばならない形になっている」、(2)「計算に先がけて、すべての演算ノードの同じ場所に入力ファイルを置いておく必要がある」といった意味で、まだ、実用上、使い勝手が現実的ではありません。本章では、さらにファイルサーバとルータを設置して、これらの問題を解消し、より「クラスタ機」と呼ぶにふさわしい形に仕上げていきます。

▶ この章で扱う内容

- **ファイルサーバの構築**
  並列に供する個別の演算サーバが共通に入出力ファイルを参照できるような環境をどう構築するか？
- **NFS ファイルサービス**
  ネットワーク上からアクセスできる共有ファイル領域を提供する方法は？
- **演算サーバからのネットワークマウント**
  ネットワーク上に提供されている共有ファイル領域にアクセスする方法は？
- **ファイルサーバ利用時のオーバーヘッド**
  共有ファイル領域に読む書きすることで生じる性能低下は？
- **ゲートウェイサーバ**
  遠隔から接続できるクラスタ機を構成するには？
- **iptables の設定とルータ構築**
  プライベートネットワークからグローバルに接続する方法は？

本章で導入する本筋以外の初学者向けコンセプト

- □ mkfs コマンドによる HDD フォーマットと、そのマウント方法
- □ /etc/rc.local を用いた起動時の自動実行
- □ NFS によるネットワークファイルサービス
- □ PCI_Express スロットを利用した NIC 増設
- □ ルータによるポートの制御
- □ ゲートウェイの設定

5.1 ファイルサーバを作ってみよう

前章の並列計算で、シミュレーションでのファイルの読み込みがどう行われたかを思い出してみましょう。入力ファイルは「各個の演算サーバ上の同じ位置に同じ内容のファイル群」が準備されているという前提で、これが読み込まれていました。「いつ、そんな準備をしたっけ？」と思うかもしれませんが、各演算サーバを設定した手順が同一だったので、ioCasino というディレクトリが同一箇所に置かれていたのです。一方、ファイル出力のほうは、プログラムが 10 番サーバから mpirun で呼び出されたため、「10 番サーバが旗艦だな」と自動的に判断されて、10 番のローカルディスク上に標準出力が吐き出されていたというわけです。

しかし、運用上、これではまだ実用化は困難です。そう思わせる一番のネックは、「すべての演算サーバ上の同じ位置に同じ内容のインプットを準備する」という下りです[*1]。いちいち、計算のたびにすべての演算サーバに同じファイルを配置するという手間を払うのは現実的ではありません (→図 5.1)。通常、分散処理といえば、「演算サーバたちが、読み書き専用の共同テーブルの周りに座ってそこにみんなで読み書きする」といったイメージを自然にもたれるでしょう。入力ファイル群は共同テーブル上に 1 個だけ準備し、これを各演算サーバが読み取るという方式が管理上望ましいものです。そこで「共同テーブル」たる「ファイル読み書き専用のサーバ (ファイルサーバ)」を準備し、このサーバに準備された「共有ファイル領域」を、各演算サーバが「ネットワークマウント」するという方式をとります。

ネットワークマウントというのは初学者には新しいコンセプトとなります。実際にしていることは、「各演算サーバがネットワークスイッチ経由で、ファイル

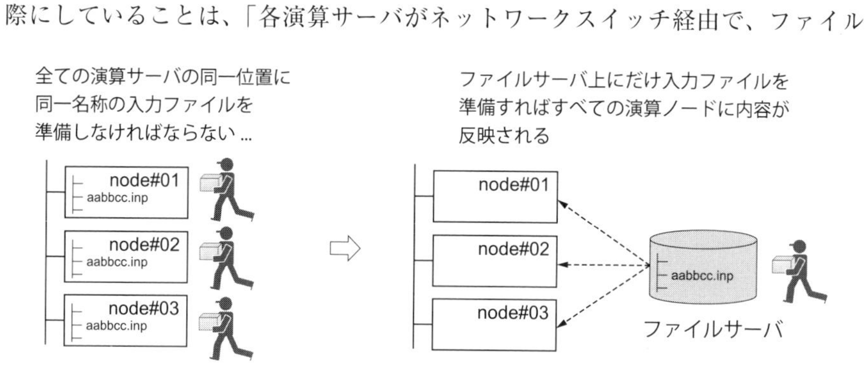

図 5.1 ファイルサーバ 1 箇所で入力ファイルの更新や配置変更をすればすべての演算ノードに同一の内容が反映される。

＊1 5.4.2 項では再度この話に触れ、あえてこのような使い方に戻して性能比較を行います。

サーバ上のディスクに読み書きを行っている」ということなのですが、これをあたかも、「各演算サーバ上に共有ファイルディレクトリが新たに出現」したように見せることで、ユーザは、自機のローカルディレクトリに読み書きするのと同じやり方で、通信を意識しない形でファイルサーバ上のファイル操作を行います。この様子を「**ファイルサーバが共有ファイル領域をネット上に提供し、各演算サーバは、これをマウント（搭載）する**」と表現します。

以下、

- 甲：演算サーバと同じやり方でファイルサーバのための機材を準備（2 章参照、本章では記載を省略する）
- 乙：共有ファイル領域用に大容量 HDD を別途接続し、ファイルサーバ上にローカルディスクとしてマウントする
- 丙：このローカルディスク領域を「共有ファイル領域としてネットワーク上に提供」するサービスを開始する
- 丁：演算サーバがこの共有ファイル領域をネットワークマウントする

という順序で話を進めていきます。

5.2 ファイルサーバの構築

ファイルサーバの IP アドレスは、1 章の図 1.8 に従って「192.168.0.92」と定めます。2 章で述べた手順に従って、まずは演算サーバと同じように構築します。ただし 2.6 節の手前まで行ったら、まだグローバルにつながっている状態で、追加で

```
% sudo apt-get install nfs-kernel-server
```

として「NFS 構築に必要となるプログラムパッケージ」を apt-get でネットワークインストールしておきます。

5.2.1 ハードディスクのフォーマット

演算サーバを構築した際、すでに我々はハードディスクを利用していたわけですが、OS をインストールする手順が十分に自動化されているので、明示的に「ハードディスクという装置を『OS が認識できる論理的対象』としてマウント（搭載）する」という作業を経験していません。ファイルサーバ用に準備した「現段階では演算サーバ仕様の機材」には、起動用 OS が格納されたハードディスクがつな

がっていますが、さらに、もう1枚、共有ファイル領域用に比較的大容量＊[1]の別HDDを準備し、SATAケーブルで接続します。初めてで自信がない場合には、念のため一旦電源を落としてからSATA接続を行い、その上で起動し直してください＊[2]。

起動しただけの状態では、この大容量HDDをOSが「論理対象として」は認識をしていない状況にあります。ただ、接続はされているので、「物理的対象として」は認識されているはずです。「`sudo fdisk -l`」と打つと、システムに接続されているディスク装置などの一覧を確認することができます。ディスク容量をヒントにして、接続された大容量HDDが「/dev/sda、/dev/sdb、...」といった記号でどこに＊[3]物理的装置対象として認識されているかを調べてみてください。仮にそれがsdbだったとして以下の話を進めます（必ず自分の場合にsdbなのかsdaなのか確認して読み替えるように！　そうしないとOSが入ったHDDが上書き消去されてしまう可能性があります！）。その場合には「`sudo mkfs.ext4 /dev/sdb`」とすることで、「/dev/sdb以下に認識された装置を**ext4形式でフォーマット**」することができます。

5.2.2 ハードディスクのマウント

大容量HDDをつなげたうえでOSを起動すれば、この「HDD装置」は「/dev/sdb」として「物理的対象としての認識」はされているのですが、これを「Linuxシステムとしてのディレクトリ領域」として使うにはコマンド操作が必要です。そこで「甲：どこの何という名前のディレクトリとして使うか」を指定して、システムに「新たなディレクトリ領域として搭載（マウント）」してやる手順を踏みます。普通、外部ディスクは「/mnt/某」というディレクトリで使うので、甲を「/mnt/nfshdd16」と名付けるとして、このとき、発想としては「『/mnt/nfshdd16』という**マウントポイント**を準備のうえ、このディレクトリ位置に『/dev/sdb』という**デバイス**をマウントする」と考えます。

まず「`sudo mkdir /mnt/nfshdd16`」としてマウントポイントを準備します。そうしたら、「`sudo mount -t ext4 /dev/sdb /mnt/nfshdd16`」とするとマウントが完了します。これは「『/mnt/nfshdd16』というマウントポイントに『/dev/sdb』というデバイスをext4というフォーマットでマウントする」という意味です。こ

＊1 2TBくらいあればいいでしょう。

＊2 最近は「ホットプラグ可能なマザボ」がほとんどで、実は起動中でもHDDのSATAを抜き挿しすることができます。この機能はバックアップなどの実務上、実に便利ですが記述は省略します。

＊3 sda、sdbというのはラベルですが、同時にディレクトリ名なので「どこに」という言い方になります。

のうえで/mnt/直下に移動して「sudo **chmod -R** ugo+rw nfshdd16」を実行し、このディレクトリへの読み書きができるようにしておきます。chmod に付された「-R」というオプションは、「ディレクトリ以下のサブディレクトリもろとも適用対象にする」というものなので、これで nfshdd16/以下は、すべて u/g/o のいずれに対しても読み書き (rw) 可能ということになります。そうしたら「cd /mnt/nfshdd16」として「マウントしたばかりのまっさらな領域」に行ってみてください。「ls」と叩くと、「lost+found」などデフォルトで存在するディレクトリなどが見えますが、その位置で「touch TEST」としてみてください。これは「TEST という空ファイルを作る」というコマンドになります *1。もしキチンとパーミッションが読み書き可能に変更されていれば、touch で TEST という空ファイルを作成したり、これを rm で消去したりできるはずです。

5.2.3 起動時の自動マウント設定

このままだと、仮にファイルサーバを再起動するたびに、mount コマンドを利用して大容量 HDD をマウントし直さなければならないので、管理上都合が悪いものです *2。以前、エイリアスを設定したときに「ターミナルを立ち上げれば、自動実行で設定が完了する」という使い方をしましたが（→ 3.2.2 項）、同様のコンセプトで今度は、「機材を立ち上げたら、自動的に所望の作業を行う」とリストを登録しておいて、そのリストのなかに件の mount コマンドを書き加えておくと便利です。このリストは「/etc/rc.local」というファイルに書かれますので、適宜、sudo などを利用して emacs で編集し、

```
% cat /etc/rc.local
   #!/bin/sh
   ...(途中略)
   mount -t ext4 /dev/sdb /mnt/nfshdd16/
   ...(途中略)
   exit 0
```

となるように mount 文の 1 行を書き加えてください（「exit 0」の行の前に加えること。また、下線つきの「sdb」や「nfshdd16」の部分は適宜ご自身の設定に読み替えること！）。そうしたら、実際にシステムを再起動してみて、キチンと大

*1 touch というコマンドには本当は別の意味があります。これまでに出てきたコマンドだと cat や tar も歴史的には元々、別の使い勝手のためのコマンドでした。このように時代が下って「こういう使われ方がメインになってしまった」というものがいくつかあります。

*2 落雷などの瞬間停電でサーバが自動的に再起動している場合があります。このような場合にもマウントが自動的に復活するようにしておくと便利です。

容量 HDD がマウントされているかを確認してください。

5.3　ネットワーク共有サービスの設定と開始

5.3.1　NFS サービスの開始

ファイルサーバにマウントした上記の共有用ファイル領域を、今度は別サーバがネットワークを通してマウントできるように、「ファイルサーバに『ファイル領域をネットワーク上に開放する』というサービスを開始させる」ということを行います。これを「**ネットワーク上にファイルサービスを提供する**」という言い方をします。

tips ▶ パソコン初心者と中級者を分ける一つの目安は、「サーバ」という言葉遣いに違和感を感じるか否かではないかと思います。筆者も初心者の頃は、習熟者が「サーバ、サーバ」といっている語感が今ひとつしっくりきませんでした。パソコンは、とくにネットワークに接続されたとき、今回の例のように「共有ファイル領域の提供」とか、「メールサービスの提供」、「プリンタ制御の提供」といった様々なサービスを提供するので、「サーバ（サービス提供者）」と称されるわけです。

ネットワーク上へのファイルサービスのプロトコル実装にも様々な形態がありますが[*1]、ここでは NFS という実装を利用します。したがってこれから行いたいのは「構築したファイルサーバ上で NFS サービスを開始する」ということです。手順はまず、「`sudo emacs -nw /etc/exports`」として exports ファイルを開き、その記載内容が、`cat` で見たときに、

```
% cat /etc/exports
   /mnt/nfshdd16  192.168.0.0/255.255.255.0(rw)
```

となるように編集することから始めます（くどいですが nfshdd16 の部分はご自分の設定に適宜読み替えること！）。この記載内容の意味は、「自身の /mnt/nfshdd16 というファイル領域を『ネット上でつながっている 192.168 で始まるマシン群』に、読み書き両用 (rw) で公開」という内容になります。次いでこの設定を反映させるべく、

```
% /etc/init.d/nfs-kernel-server restart
```

＊1 「ファイル共有」で Wikipedia を調べると、並立する他の実装として SMB や AFP といったものが見つかります。

として「NFS サービスをスタート」させます*1。すると、

```
[....] Restarting nfs-kernel-server (via systemctl): nfs-kernel-server.service
    ...
Authentication is required to restart 'nfs-server.service'.
...
```

といった表示が現れて公開サービスがネットワーク上にて開始されます。

tips ▶ ちなみに上記で「cat で表示させたときに以下のようになるように編集」と書きましたが、この手の情報伝達は、サーバ設定でのトラブルなどがあったときなどに的確な手段ですので、ぜひ、素養として身につけておきましょう。習熟したユーザ間では、

```
% pwd
   /Users/maezono
% cat .gnuplot
   set term x11
```

と書けば、「あぁホームディレクトリ上の.gnuplot というファイルに set term x11 と記載しろということね」と的確に伝わります。ただ、これを初学者に示しても、そうは読み取らず「これは何をしろといっているのだろうか……」と考えあぐねてしまう場合があります。こういうちょっとしたところが障壁でもあり、かつ、コツさえわかれば、すぐに習熟するというところでもあります。筆者のグループでは、これまで多くの実験研究者や分野外研究者などコンピュータ初学者に手ほどきを行ってきましたが、「うまくいかない。エラーが出た」といったときの「状況の伝え方」について何度も指導を行ってきました。大概は「こんな感じでエラーが出ます」とだけ伝えてくるのですが、これでは状況がまるで伝わりません。習熟者は上手に、上記のように「世界中の誰でもわかる最低限のコマンド情報（どこで何を入力すると、どんなメッセージが表示されるか）」を切り出して的確に伝えてくるので、問題は簡単に解決することができます。

筆者自作構築の

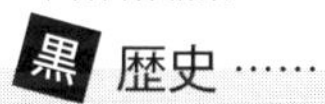

黒歴史…… 14 ― より洗練した使い方へ

2009年の運用着手以来、2012年あたりまでファイルサーバはNFSマウントで運用していたが、2012年あたりからは研究室内でもQMC計算（量子拡散モンテカルロ計算）に比べて、DFT計算（密度汎関数法）の需要が増えてきた。DFT計算はQMCと違いファイルの読み書きが多いため、NFSマウントで運用していると著しく性能が落ちる。そこで計算開始に先立って、共有ファイル領域から必要なファイル群を、ローカルサーバのハードディスクにコピーして、これを参照するよう運用（ステージング）を確立した。200を

*1 restart となっているので厳密にはリスタートですが、OS が適宜判断してくれて、初回であればスタートと読み替えてくれます。

超えた多大なノード数が同一のファイル領域を参照する際には、ファイルサーバにアクセス負荷が集中し処理が低下する。そこで「ファイルサーバの処理を並列化する」という仕組みをとるLustreファイルシステムへの移行が自然な選択となってきた。自作でのLustre構築を計画し、相応の資材を購入して4ノード構成の自作Lustreを構築・運用した。

自作ルータの構築・運用も同時期に行われた。それ以前には、グローバル回線に直結されたゲートサーバを介してプライベート側に遠隔アクセスしていたが、これだとプライベート側にあるサーバはWebに直接アクセスできず、ダウンロードを伴う更新作業は、すべて、一旦、ゲートサーバにダウンロードした後、これをプライベート側から参照するという形式をとっていた。本文に述べたようにルータを立てればよいだけの話だったのだが、これは「ソリューションの存在に気づかない」ことにより不便を何年も続けてしまう失敗の好例である。クラスタサーバも運用年数を経て、ファイルサーバ、ジョブ管理サーバのほか、「旧ファイルサーバ」や「数値計算ライブラリがインストールされたサーバ」といった雑多なサーバ群がプライベート側に多く設置されていた。以前であればゲートサーバから各サーバにsshで接続していたものであったが、これらは「ルータからのポート指定」で振り分けるようにスマート化された。

この時期、Linuxでの仮想マシン（VM）運用に習熟してきており、上記に述べたプライベート側の雑多なサーバ群をVMで構築するような運用も手がけた。VMを用いれば、物理的には1台のサーバ内に、ルータサーバ、NFSファイルサーバ、Lustreのマスターサーバ、ジョブ管理サーバなどを仮想的に実現することができる。ただし、これら複数の仮想サーバが一台のLANポートを共用することになるので、そのための設定に少し面倒を払うことになる（ブリッジが必要になる）。VM化は結局、1台のノードが不調となると基幹系のすべてがもろとも死んでしまうリスクがあり、今では利用はやめてしまったが、研究室内のノード動作チェック用の可搬サーバをただ1台の物理サーバだけで構築するような利用が可能となった。

5.4　共有ファイル領域の利用

5.4.1　共有ファイル領域をネットワークマウントする

ここまでで、192.168.0.92のファイルサーバがネットワークにNFSファイルサービスを提供開始していますので、これと同じスイッチに吊るされた演算ノードは、しかるべき設定を行うことで、この公開共有領域をネットワーク越しにマウントすることができます。演算サーバ上で「`sudo mkdir /mnt/nfshdd16`」としてマウントポイントを準備しておき、「`sudo mount 192.168.0.92:/mnt/nfshdd16 /mnt/nfshdd16`」とするとこれが叶います。このコマンドは「192.168.0.92のサーバの/mnt/nfshdd16のディレクトリ（第1引数「192.168.0.92:/mnt/nfshdd16」）を、ネットワーク越しに本サーバの/mnt/nfshdd16（第2引数）のマウントポイントにマウントせよ」という意味です。そうしたらファイルサーバが接続されている同じネットワークスイッチに、たとえば10番と11番のサーバを接続し、上記コマンドを用いて共有領域をマウントしてみましょう。

10番と11番のサーバそれぞれに共有領域をマウントさせたら、各々のサーバから「cd /mnt/nfshdd16」として、この領域にアクセスできるか確かめてください。10番サーバから「touch TESTfrom10」などと空ファイルを作成してみて、11番サーバでこのファイルが確認できるようであれば、ネットワークマウントは成功しています。このネットワークマウントも再起動すると外れてしまうので、適宜、上述の/etc/rc.localに、「**mount 192.168.0.92:/mnt/nfshdd16 /mnt/nfshdd16**」を追記しておけば、再起動時にも自動的にマウントをしてくれます。

tips ▶ しばしば運用していると、商用機であってもマウントが外れてしまうことが生じます。このときには、上記のmountコマンドでマウントし直せばいいのですが、昔の筆者は、このマウントが外れただけでも、「サーバ不調」ということで業者を呼んで、高いオンサイト出張料を払って直してもらっていたということがあります。

5.4.2　共有ファイル領域を使った並列計算の実施

10番と11番のサーバについて4章で述べたノード間並列の検証が済んでいるという前提で、今度は「**共有領域を用いたノード間並列**」を行ってみましょう。10番のサーバ上で、

```
% pwd
   /mnt/nfshdd16
% cp -r ~/Desktop/setupMaezono/casino .
% cp -r ~/Desktop/setupMaezono/ioCasino .
```

として、共有領域にも「CASINOの実行形式」と例題ファイル群をコピーします。そうしたら、

```
% pwd
   /mnt/nfshdd16/ioCasino
% ls
   correlation.data  gwfn.data  input  machines  si_pp.data
% cat machines
   i11server010 cpu=4
   i11server011 cpu=4
```

となっている状況で、「mpirun --machinefile machines -np 8 ../casino/bin_qmc/linuxpc-gcc-parallel/opt/casino --parallel &」とすると、2ノード間8並列の計算が回りだすので、topを叩いて「ノードあたり四つのcasinoプロセスが回っていること」を確認します。

計算が終わったら結果を見てみましょう。以前の「共有ファイル領域を利用せず各

機のローカルディスク上で行った 2 ノード間 8 並列の結果 (out08_2nodesLocal)」と比較すると、筆者のテスト環境では、

```
% grep 'Total CASINO' out08*
   out08_2nodesCommon: Total CASINO CPU time  : 17.6100
   out08_2nodesCommon: Total CASINO real time : 41.0210
   out08_2nodesLocal : Total CASINO CPU time  : 17.8200
   out08_2nodesLocal : Total CASINO real time : 17.8310
```

となりました (2nodesCommon と書いてあるファイルが今回の結果)。ローカルを使った場合（17 秒程度）に比べて、実行時間が大幅に落ちている様子がわかります（41 秒程度)。共有ファイル領域を使った場合、10 番/11 番で並列計算を始める際には、92 番ファイルサーバから、ギガビットのネットワーク経由で入力に必要なファイルを 10 番/11 番に転送したうえで計算が開始され、かつ、計算結果は、同じくネットワークスイッチ経由で、ファイルサーバに書き戻されます。その際に余計に時間を食ってしまうのです。ネットワークの速度が 1 GB/s に制限されているのと比べると、ローカルでのディスクは 6 GB/s の SATA ケーブル接続で、ずっと高速ですので、前者のほうが速度は大幅に落ちてしまいます。

ここで、**ちょっと実験**をしてみましょう。もう一度、ローカルでの計算を行うべく、10 番サーバで「~/Desktop/setupMaezono/ioCasino」の位置に戻り、input ファイルを開いて、「vmc_nstep ： 300000」となっている箇所を 1 桁増やして、「vmc_nstep : 3000000」とします。これはサンプリング点数を 1 桁増やしたことに相当するので、計算時間は 10 倍はかかる見積もりになります。そうしたら、これでローカルでの計算を仕掛けたいのですが、注意しなければならないのは、10 番サーバだけではなく、11 番サーバの input にも同じように変更を加えておく必要がある点です（これがローカルでやる場合の面倒な点です。共有ファイル領域を使えばこのような必要はありません)。これで、再度「2 ノード 8 並列」の計算を回して、その out を outTenTimesLocal とリネームしておきます。そうしたら次に、共有領域でも同じように「サンプリング点数を 1 桁増やした計算」を行います。この場合には input ファイルは 1 箇所ですから、10 番サーバからファイルを変更すればこと足ります（11 番サーバも同じファイルを参照するので)。計算が終わったら、ファイルを outTenTimesCommon にリネームします。その上で結果を比較すると、筆者のテスト環境では、

```
% grep 'Total CAS' outT*
   outTenTimesCommon: Total CASINO CPU time  : 170.1600
   outTenTimesCommon: Total CASINO real time : 194.5230
```

```
outTenTimesLocal : Total CASINO CPU time  : 171.0600
outTenTimesLocal : Total CASINO real time : 171.1350
```

となりました。1 桁増やす前の計算時間比 (41.0/17.8) に比べると、遅延の割合 (194.5/171.1) は減っています。比ではなく差のほうは (41.0 − 17.8) と (194.5 − 171.1) とで大方等しいので、計算の冒頭と終了時に行うファイルの読み書き（**オーバーヘッド**）が、遅速化の犯人だという大方の見込みがつきます。一旦ファイルの読み込みが終わって各演算サーバ上でサンプリング点数を 1 点 1 点計算する段階（演算部分）に入ってしまえば、92 番のファイルサーバにいちいちアクセスすることはなくなるので、共有領域を使おうがローカルで計算しようが、この部分の計算時間には、あまり影響がないというわけです（→図 5.2）。

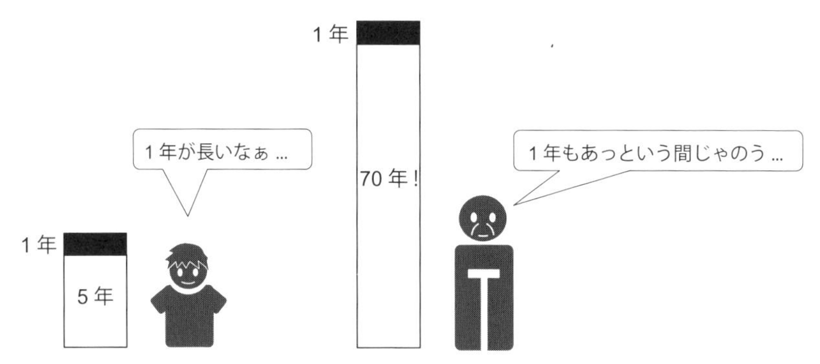

図 5.2　ファイルへの読み書きに要するオーバーヘッド（「1 年」とたとえた部分）に対して、演算部分が十分長ければ、全体へ占める割合は気にならない程度になる。

5.5　ルータを用いた遠隔設置と遠隔制御

1.2.1 項で述べたように、自作クラスタ計算機の利用というのは、設置場所で作業するのではなく、冷却や電源確保が可能なサーバ室に遠隔設置して、学内/構内のネットワーク経由で接続して利用するのが一般的な使い方となります。筆者グループの場合には、研究室から歩いて 10 分ほどの離れた建物内にサーバが設置してあります。サーバはキャスターの付いた可搬なものになっているので、冬期には居室に持ち込んで暖房として使っていたこともあります [*1]。

遠隔設置して制御するためには、図 1.8 にあるように、「ルータと呼ばれるサーバ」(192.168.0.91) を設置します。このサーバには NIC を 2 口もたせて、片方を

＊1　部屋が寒くなると「計算が終わったな」とわかるというオマケもついていた。

グローバル側、もう片方をプライベート側に接続し、「グローバルからアクセスすると、プライベートの 10 番マシンに飛ばされる」となるように設定を行います。

5.5.1　2 口 NIC の設置

通常のマザボには、オンボードの NIC が 1 口しかついていないので、2 口目を設置するには、別途 NIC を購入する必要があります。アマゾンで「ギガビット LAN カード」あたりで検索すると 2 千円弱で購入できます。通常、PCI_Express という規格形状のカードの製品になっていて、これをマザボに挿して使います（挿さるところに挿せば OK です）[*1]。

ルータを構築する際には、第 2 の外付け NIC をマザボに装着した状態で OS をインストールします。91 番の IP アドレスと呼応させて i11server091 というサーバ名で再度 2 章の手順に沿って設定します。動作確認も兼ねて LAN ケーブルは別途カードで挿した 2 口目の NIC に接続して設定しましょう。2.6.2 項の IP アドレス設定部分までくると、「ifconfig」を叩いたときに、通常の演算ノードの場合と違い、NIC が 2 口あることに呼応して、「enp...」でラベルされる NIC 記載が二つあることがわかります（ここの例では enp6s0 と enp8s0 とします）。そのうちの片方がグローバルの IP アドレスを拾っているはずですので、そちらのラベルを特定します（ここでの例では enp8s0）。

そうしたら次に interfaces ファイルを以下のように編集します：

```
% cat /etc/network/interfaces
# interfaces(5) file used by ifup(8) and ifdown(8)
auto lo
iface lo inet loopback

auto enp6s0
iface enp6s0 inet static
address 192.168.0.91
network 192.168.0.0
netmask 255.255.255.0
broadcast 192.168.0.255
gateway 192.168.0.91
dns-nameservers 150.65.1.1
dns-domain jaist.ac.jp
dns-search jaist.ac.jp

auto enp8s0
```

＊1　筆者は昔、こんなことすら知らず、ルータを作るために別途、2 口オンボード NIC をもつ高価なマザボを探して購入していたものです。

```
iface enp8s0 inet dhcp
```

グローバルを拾っているenp8s0側には「dhcpでグローバルIPを拾うこと」、もう片方の、まだLANケーブルが挿さっていない側(enp6s0)を「固定のプライベートIP/192.168.0.91を使うこと」という割当を設定したことになります。そうしたら、ここでは一旦「shutdown 0」と打ってシャットダウンしておきましょう。

5.5.2 2口NICの検証

いよいよ遠隔利用の体制を整えるという意味で、「設定途中のルータ」をラックなど適切な設置位置に配置しましょう（→図1.7)。外付けNICのほう（本書の例ではenp8s0）をグローバルにつなげ、オンボードNIC側（本書の例でenp6s0）は演算ノードらがぶら下がっているハブに接続します。電源を投入しifconfigを叩いてグローバルIPがいくつになっているかを確認しておきます（たとえば150.65.*xxx*.*yyy*とする：*xxx*や*yyy*は数字)。そうしたら、構内インターネットにつながっている「普段使いの端末」(筆者らの場合だと、自身のMacのターミナル画面）から、「ssh maezono@150.65.*xxx*.*yyy*」[*1]として、遠隔から構内グローバル回線経由で当該ルータ機に接続できるかどうかを確認します。

演算ノード群やファイルサーバも、同じプライベート側のネットワークスイッチに接続したうえで電源をオンにしておきます。正常に接続や設定がされていれば、当該ルータ機から、たとえば10番の演算ノードにログインができるはずです。今、自分のノートパソコンなどから構内回線を使ってルータに遠隔ログインしているとして、そこからさらに「ssh 192.168.0.10」として演算ノードにログインしてみてください。

tips ▶ この際に自分が『どこで作業をしているか』を見失わないように注意してください。自分のノートパソコン上で操作をしていても、ルータにログインして、ルータのプロンプトからコマンドを打っているのですから、「ルータ上で操作している」ということになります。しばしば初学者は慣れないうちは「自分はノートパソコン上で操作している」と混同してしまいますので。

無事、「自身の端末→ルーター→演算ノード」とログインできたならば、2口NICをもった当該ルータ機による遠隔接続がひとまず無事終了となります。

＊1 'maezono' の部分は各自設定したユーザ名、 '150.65.xxx.yyy' の部分は当該ルータ機が拾っているグローバルIPアドレスにすること。

5.5.3　なぜルータを使う？

ここまでの設定で「構築途中のルータ」と呼んできたものは、まだルータとしての機能はもっていません。この段階では、「2口NICをもつことにより、グローバルにもプライベートにもつながっている」サーバとなっており、これを**ゲートサーバ**と呼びます。「遠隔でつなげて制御する」ということだけであれば、ゲートサーバだけでも機能は果たせます。ただ、毎度、一旦、ゲートサーバにログインして、そこから10番サーバにログインし直すというのも面倒です。できれば、「ssh maezono@150.65.*xxx*.*yyy*」とすれば、いきなり10番につながるようになっていると嬉しいわけです。

それだけでなく、ルータ利用の必然性として最も顕著なのは、プライベート側においてあるサーバのインターネット接続です。たとえば、後で使うので（→6.2.1項）、ゲートサーバからさらに92番のファイルサーバにアクセスして、そこから「sudo apt-get install sysv-rc-conf」としてパッケージインストールを試みてください。おそらくエラーとなるはずです。92番サーバはプライベート側にあるので、インターネットに接続されていることにはなっておらず、したがって、ネットワークダウンロードしようとしてもこれが叶わないわけです。ゲートサーバにさらに設定を施してルータにすることで、これが叶うようになります。

tips ▶ 筆者は永らく、学生に教えてもらうまでルータ構築を知らなかったので、ゲートサーバを使った竹槍戦法を行っていました。sshコマンドは、「ssh [IPアドレス]」という形式でログインコマンドとして利用する場面がほとんどですが、「ssh [IPアドレス] ls」としてみるとわかるように、「ssh [IPアドレス] [コマンド]」として使うことができます。そこで、「ssh（ルータ機のアドレス） ssh 192.168.0.10」という連鎖使用（カスケード使用）をすれば「ゲートサーバにログインして、そこから10番サーバに接続」ということができるわけです。筆者グループでは「ルータ機→制御サーバ→演算サーバ」という構成をとっているので、「ssh（ルータ機のアドレス） ssh 192.168.0.91 ssh 192.168.10」みたいなカスケードの竹槍戦法でやっていて、あとで情報系の学生が入ってきたときに、筆者のやっていたエイリアスやらスクリプトを読み解くのに大変苦労したという話があります。

5.5.4　ルータの設定を始める

それでは設定をいじって、ゲートサーバをルータに仕上げていきましょう。まず、

```
% sudo emacs /etc/sysctl.conf
```

としてファイルを開き、デフォルトで「#net.ipv4.ip_forward = 1」とコメントアウトされている行を見つけ、#を削除することでコメントアウトを解除します。

次に setupMaezono 以下に配布したスクリプト「setupMaezono/forRouter/iptables-nat.sh」を使ってサーバの iptables の内容を変更していきます。まず、スクリプトの内容を確認してみましょう。

```
% cat iptables-nat.sh
#!/bin/sh
LAN_NIC=enp6s0
WAN_NIC=enp8s0

service iptables stop
iptables -F                    !** IP テーブルの設定をクリア。

iptables -P INPUT DROP         !** ルータ自体に入ってきたパケットは捨てる。
iptables -P OUTPUT ACCEPT      !** ルータから出てきたパケットは素通り。
iptables -P FORWARD ACCEPT     !** ルータから通り抜けようとするパケットは通す。

LAN_NETMASK='ifconfig $LAN_NIC | sed -e 's/^.*Mask:\([^ ]*\)$/\1/p' -e d'
LAN_NETADDR='netstat -rn | grep $LAN_NIC | grep $LAN_NETMASK | awk '{print $1
    }''

iptables -t nat -A POSTROUTING -o $WAN_NIC -s $LAN_NETADDR/$LAN_NETMASK -j
    MASQUERADE

iptables -A INPUT -i lo -j ACCEPT
iptables -A INPUT -s 127.0.0.0/8 -j ACCEPT

iptables -A INPUT -i $LAN_NIC -j ACCEPT

iptables -A INPUT -m state --state ESTABLISHED,RELATED -j ACCEPT

iptables -A OUTPUT -o $WAN_NIC -d 127.0.0.0/8 -j DROP
iptables -A OUTPUT -o $WAN_NIC -d 10.0.0.0/8 -j DROP
iptables -A OUTPUT -o $WAN_NIC -d 172.16.0.0/12 -j DROP
iptables -A OUTPUT -o $WAN_NIC -d 192.168.0.0/16 -j DROP
```

上記スクリプトの冒頭が「LAN_NIC=enp6s0」、「WAN_NIC=enp8s0」と設定されていることに注目してください。ご自身の状況に合わせて、念のため ifconfig で確認し、どちらの NIC がグローバル (WAN) で、どちらの NIC がプライベート (LAN) なのかを再度確認します。本書の例では「WAN 側 NIC が enp8s0、LAN 側 NIC が enp6s0」だったので冒頭部が上記のようになっているのです。適宜、この部分をご自身の状況に合わせて編集してください。

確認と編集が済んだら、このスクリプトを実行可能形式にして (chmod u+x ...)、次いで実行します (./iptables-nat.sh)。上記のスクリプトを読み解くとわかりますが、ここでは LAN_NIC などの変数を適宜定義したうえで、**iptables** というコマンドを使って、適宜サーバの設定に変更を施しています(何に関する設定かについては後述します)。「LAN_NETMASK=...」の行に注目すると、これは「ifconfigを叩いて返値された文字列に対してsedで適宜置換をしたものをLAN_NETMASKに代入する」と読み解けますし、「LAN_NETADDR=...」の部分も同様に「netstat -rnと叩いて返値される文字列にgrepを掛けたものに、awkで第1カラムだけとってきたものを代入」と読み解けます。そうするとたとえば、MASQUERADEという文言が入った行は、変数LAN_NETADDRなどに適宜文字列が代入される結果、本書の例では、実際には、「iptables -t nat -A POSTROUTING -o enp8s0 -s 192.168.0.0/255.255.255.0 -j MASQUERADE」というコマンドが繰り出されるということになります。

tips ▶ スクリプト中に書かれているコマンドを、いちいち手順書としてノートに書き取っておいて、「ここには当該ネットワークのネットマスクを打ち込む」などと手書き注釈するのではなく、どうせすべての情報は「コマンドを叩いて、grep/sed/awkでテキスト処理」すれば、その場で取得できる情報なので、「どの環境でも、その場で具体的なコマンド列を構成できるスクリプト」として手順を構成/管理/保守しておけば、手書きの書き損じによる情報逸失もなく手間も省けるわけです。スクリプトというのは、サーバ設定手順に関しては「手書きノートの最終進化版」ともいえるものです。アフリカなどでサーバ構築演習を行うと、各地の最高学府から集まってきた優秀な学生たちが、一生懸命、コマンドをキレイな字で手書きノートに書き取って、そのノートを見ながら、一字一句間違えずに打ち込む結果エラーに見舞われる(実際にはその場その場でディレクトリ位置などに応じて入力すべき内容は変化するので)という場面に遭遇します。筆者は昭和に育った真面目な学生で、紙と鉛筆で書かなくなって20年近く経っても未だペンだこは消えないくらい手書き派でしたので、気持ちはよくわかるのですが、ことサーバに関しては、「知識を手書きノートではなくスクリプトにまとめていく」というコンセプトをぜひ意識してください。

さて、上記スクリプト(iptables-nat.sh)が実行された結果、サーバには呼応した設定がなされているので、その設定内容を以下のように出力して記録をとっておきます:

```
% cd
% sudo /sbin/iptables-save -c > iptables.rules
% sudo mv iptables.rules /etc/
```

上記のリダイレクト > から汲み取れると思いますが、「/sbin/iptables-save」というのがコマンド(sbinがついているのはコマンドの絶対パス指定だから)で、サーバの現設定を書き出して、それをiptables.rulesというファイルに保存しています。このファイルはさらに/etc/以下に移動させています。「sudo cat

/etc/iptables.rules」として「保存したファイルの中身」を見てみましょう。この中身は後で少し編集します。

ところで、ここで行ってきた設定は、コマンド名からもわかるように「**iptablesの設定**」をいじっていることに相当します。iptablesというのは、iptables-nat.shのコメント内容にもあるように、サーバに入ってきた通信パケットを、どう振り分けるかに関する細かな設定を制御するもので、ここに後で「このサーバの22番ポートに信号が入ってきたら、その信号は10番サーバに飛ばす」という設定を施します。こうすることで5.5.3項の冒頭で述べたルータ機能を実現できるというわけです。

ここまでに、iptablesの設定を変更し、現在の設定内容を/etc/iptables.rulesに書き出しておきましたが、例によって、再起動した際には現在の設定は消えてしまうので、再起動時にも自動的に今回の設定が反映されるよう、「sudo emacs -nw /etc/network/if-pre-up.d/iptables_start」によりファイルを立ち上げて、「/sbin/iptables-restore < /etc/iptables.rules」という1行を書き加えて、以下の内容になるように編集します：

```
% sudo cat /etc/network/if-pre-up.d/iptables_start
#!/bin/sh
/sbin/iptables-restore < /etc/iptables.rules
exit 0
```

iptables_startというファイルは、それが置かれたディレクトリ位置からもわかるように「起動時に自動実行されるスクリプトの一つ」となりますが、そこに上記のように書き加えることで「iptables-restoreというコマンドがiptables.rulesに書かれた設定内容を読み込んでこれを反映させる」という動作が起動時に実行されることになります。上記のままだとiptables_startは実行可能形式になっていないので、「chmod u+x」で実行可能形式に変更しておきます。

そうしたらサーバを再起動して、この設定が本当に反映されているかを確かめてみます。再起動で立ち上がったら、再度、自分の端末から91番の当該サーバ（まだルータになっていないゲートサーバ）にログインして、次いでsshで92番（ファイルサーバ）にログインしてみます。先ほど5.5.3項で行ったsysv-rc-confのネットワークダウンロードを再度試してみましょう。もし91番のiptables設定がうまく行っているなら、92番のファイルサーバから「sudo apt-get install sysv -rc-conf」としたとき**ネットワークダウンロードがキチンと走り出す**はずです。

何が起こったかを解説します。92番はプライベート側にあるサーバなので、デフォルトでは、このサーバからグローバルにつなげようと思っても術はなく、したがって apt-get をかけようにもかからないはずです。ところが、プライベート側からグローバルにつながっている 91 番サーバには、「iptables-nat.sh の **POSTROUTING** の行」に設定がなされており、そこでの記載から「91 番サーバのプライベート側 NIC から入ってくるパケットには、『91 番のグローバル IP から出てきたよ』という手形を渡してグローバル側に出してやる」という細工が施されているので、プライベート内部にある 92 番からも「グローバルにつながってダウンロード要求のパケットを送信すること」が可能となってネットワークダウンロードができたというわけです。件の「POSTROUTING の行」には **MASQUERADE** という文言がありますが、これは「仮面舞踏会」の意味で、プライベート側からのパケットに対して仮面をかぶせて、あたかもグローバルに接続された 91 番がこれを発したかのように仮装させて送り出すという語感が込められています。

ただ一つ疑問が残ります。92 番サーバがどうやって「グローバルへの出口は 91 番サーバだ」と認識して 91 番にパケットを送っているのでしょうか？　答えは 2.6.2 項で設定した interfaces ファイルの記載中にあります。そこに「gateway 192.168.0.91」という記載が含まれていると思いますが、これが「グローバルへの出口 (gateway) は 91 番だよ」と教えてくれているのです。ここに至って「**ゲートウェイ** (gateway)」という語感がわかるかと思います。プライベート側に置かれたサーバにはすべてこの記載が含まれているので、外向けのパケットを送信する際にはすべて 91 番に向けて流れます。仮にここの記載を 91 番以外に替えてしまうと上記の「プライベートからのネットワークダウンロード」は機能しなくなってしまいます。

5.5.5　ポートフォワーディングを設定してみる

POSTROUTING の設定によって「プライベート側からグローバルに出ていくパケット」に対してのルータ機能が確立しましたが、次に、5.5.3 項の冒頭で述べた「グローバルから 91 番サーバに ssh 接続したら、自動的にプライベート側の 10 番サーバに飛ばされるようにする」という細工を施します。これは POSTROUTING の逆方向の処理なので「**PREROUTING** の設定」に相当します。

先程、起動時に自動的に読み込まれる設定内容として「iptables.rules というファイル」を構築しましたので、ここにさらなる変更を施しておけば、次回起動時からその変更が反映されます。「`sudo emacs -nw /etc/iptables.rules`」として当該ファイルを開き、「`-A POSTROUTING ...  MASQUERADE`」と記載されている行の直前に、「`-A PREROUTING -i enp8s0 -p tcp -m tcp -dport 22 -j DNAT -to-destination 192.168.0.10:22`」という行を書き加えてください (enp8s0

の部分は適宜、ご自身の設定に読み替えてください→5.5.4項)。これでルータの91番サーバを再起動します。起動したら、自身の端末から91番サーバのグローバルIPにssh接続してみましょう。これでターミナルプロンプトが91番でなく10番サーバのものとなっていれば、「91番のグローバルを叩くと10番のプライベートに転送される」というルータとしての役割への設定は成功です。

今回付け加えた行では何をやっているのでしょうか。先述したMASQUERADEの設定がPOSTROUTINGと称されているのに対して、今回付け加えた行はPREROUTINGですから、逆方向、つまり、「グローバルから入ってきたパケットに対して……」という話になります。「--dport 22」とありますが、「sshで接続する」というのは、専門的な言葉遣いをすれば「22番ポートを叩く」という言い方になります。「**ポート番号**」でWikipediaで調べると一覧を知ることができますが、「sshでつなげる」、「httpで取ってくる」といったサーバへのアクションは、それぞれ、パケットで「22番ポートを叩く」、「80番ポートを叩く」といった動作に相当します。PREROUTINGの行は、そうすると、「(グローバル側につながっているNIC) enp8s0から入って22番ポートを叩いてくるパケットは、192.168.0.10のアドレスをもつサーバの22番ポート(192.168.0.10:22)に転送せよ」と解読できます。これで「グローバルから91番サーバにssh接続したら、自動的に10番サーバに跳ばされる」ということが叶っていることがわかります。こうしたコンセプトによる処理を**ポートフォワーディング**と呼びます。

さて、お疲れ様でした。自作クラスタ構築の根幹についてはここまでで終結です。次章では「さらに効率的な運用を目指して」と題して、構築し終えたクラスタ機を有効に利用し尽くすためのコツを紹介します。

本章のまとめ

本章では、前章までの「練習機構築」を超えた実用機に組み上げるために、ファイルサーバとルータを設置し「遠隔接続して使えるクラスタ機」に仕上げる手順を述べました。

- **ファイルサーバの準備**
  ファイルサーバとなる機材を準備して、大容量HDDをSATA接続しマウントする。

- **NFS ファイルサービスの開始**
  当該機材上で NFS サービスをスタートさせ、大容量 HDD の領域を共有ファイル領域としてネット上に公開する。

- **演算サーバからのネットワークマウント**
  演算ノードから共有ファイル領域をネットワークマウントする。

- **ファイルサーバ利用時のオーバーヘッド**
  ファイルサーバを利用すれば、1箇所の同一ファイルが各並列サーバに参照されるので利便性が向上する。ただし、計算開始時や終了時の読み書きに伴うオーバーヘッド部分のスピードがネットワークスイッチの性能で制限される。この性能低下を避けるためには、演算部分をできるだけ長くしてオーバーヘッドが占める割合を減らす。

- **ゲートウェイサーバの設置**
  NIC を 2 口備えたゲートウェイサーバを介してグローバルとプライベート側を分けた構成として、「遠隔から接続できるクラスタ機」を構成する。

- **iptables の設定とルータ構築**
  ゲートサーバの iptables 設定をいじることで、「プライベート側からのグローバルへの接続 (MASQUERADE)」や「グローバル側からプライベート側への転送接続（ポートフォワーディング)」が可能となる。

筆者自作構築の

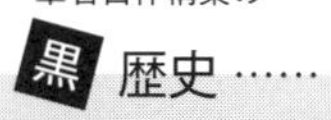

15—人生修養としてのサーバ管理教育

2014年までは「Linuxに覚えのあるもの」が研究グループに参入するのを受動的に構えて、その者に管理を任せる（当然、当人にも愉しみがある）ということを行っていたが、数年にわたるサイエンスキャンプなどの経験から、グループ内の「サーバ管理教育」の体制が確立してきており、まったくの未経験者を教育してサーバ管理者に仕立てあげることが可能となった。サーバ設定では、早合点や「意訳」でことを進めるとサーバは絶対に動かず、一つひとつの作業を逐一チェックしながら石橋を叩いてノーミスで作業をこなすことが要求される。これは研究一般に必要とされるスキルであり、とくに、この世代の学生に大きく欠如している側面と見受けられたので、所属学生メンバーには「人生修養としてのサーバ管理教育」を施すという厳しい指導が確立していった。

サーバ管理スクリプト群の再整備もこの時期に大きく進んだ。筆者が長年自作してきた「tossスクリプト」（ジョブを投入するための統合スクリプト）などは拡張に拡張を重ね、屋上屋を架したような様相を呈していたが、スクリプトの構造ルールなどにも、ある程度の共通化を施し、保守しやすい形でスクリプト群を充実させていった。

運用年数を経て、雑多なサーバが多数ネットワークに吊り下がり、どこに何のサーバがつながっているのかも把握がままならない状況になってきた。そのため「サーバ構成の地図」を作成指示し、構成を継続的に追えるような体制を整えた。

6章

さらに効率的な運用を目指して

本章ではさらに進んで、自作クラスタを効率的に管理運用するコツについて述べます。本章より前の内容を習得していれば、大方のコンセプトが通じるようになっているはずですので、本書のような発展的な内容に進んでいくことができます。

▶ この章で扱う内容

- **演算ノード数の拡張**
  購入したネットワークスイッチのポート数以上に演算ノード台数を増やすにはどうするのか？
- **ネットワークの構成**
  演算ノードを結合するネットワーク構成にどのようなバリエーションがあるのか？
- **演算ノードの最適化**
  演算ノードに不要な機能を削減して、もっと性能を上げることはできないか？
- **ファイルシステム高度化への余地**
  並列台数が増えてファイルサーバへの負荷集中が問題となったときどうするか？
- **ファイルシステムのバックアップ管理**
  貴重な研究ログたるシミュレーション入出力ファイルを逸失なく管理するコツは？
- **バッチジョブシステムの導入**
  夜中寝ている間にも計算機を絶え間なくジョブを実行させ、高い稼働率を実現するにはどうすればいいか？
- **スクリプトによる管理**
  サーバ管理に関する大量のノウハウ知識を、グループ内で逸失なく継承できるよう、どう保守管理し活用するか？

本章で導入する本筋以外の初学者向けコンセプト

- □ ネットワークスイッチのカスケード接続
- □ デーモンやランレベル
- □ crontab による「コマンドの定時自動実行」
- □ ミラーリングバックアップや差分バックアップ
- □ シミュレーションのリジューム実行
- □ ファイル容量管理や不要ファイルの削除に便利なコマンド (find, xargs, du)
- □ バッチジョブやキュークラス

6.1 ネットワークの構成

6.1.1 インターコネクト/演算ノードを互いにどうつなげるか

ここまでの話では、ルータ、演算ノード、ファイルサーバを一つのネットワークスイッチに吊り下げた構成を考えていました。現実的な価格で購入可能なネットワークスイッチは、せいぜい24ポート程度ですので、これだと、演算ノードは22台程度までしか拡張できません。もっと拡張するにはどうすればいいでしょうか？ これは単にスイッチをたくさん買ってきて「**カスケードにつなげる**」ということをすれば可能です。二つのスイッチをLANケーブルで単純につなげれば[*1]、つながったネットワークスイッチは、あたかも一つのハブのように機能しますから、樹形図的にドンドン増やしていけばよいのです（→図6.1）。

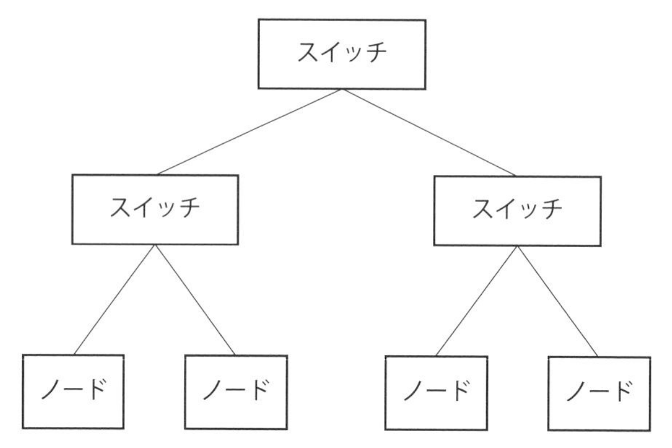

図 **6.1** ネットワークスイッチを樹形図的につなげる「ツリー構造」。この図では3台のスイッチを使ってノードを吊り下げられる台数を拡張している。

上記では何の比較衡量もなく、単に樹形図的に演算ノードをつなげるようなネットワーク構成（**ツリー構造**）を導入しましたが、よく考えれば、つなげ方はこれだけではないということに気づきます。CASINOを題材にした場合、並列効率が非常に高いのであまり意識することはありませんが、世のほとんどのソフトは、それほど並列効率が高くありません。CASINOの場合、統計サンプリングの計算なので、たまにノード間で通信してサンプリング集計と作業の再分配をするだけで、あまりノード間通信が生じないので、並列化効率が高いのです。通常は、もっと頻繁にノード間通信をするため、とくに並列多重度が高くなってくると、ネッ

＊1 昔は「スイッチ間をつなげるときはクロスケーブル、普通の利用はストレートケーブル」と区別する必要がありましたが、最近の製品はほとんど自動検出してくれるので、「単につなげればよい」ということになります。

トワークを行き来する通信が衝突して渋滞を引き起こし性能が伸び悩みます。ツリー構造の場合、通信が迂回する術がないのでこの伸び悩みが激しいことが想像できると思います。

商用スパコンの場合、大並列多重度で性能が伸びることがウリとなるので、データが上手に迂回できて渋滞や衝突を避けられるようなノード間結合のさせ方（**インターコネクト**）を競うことになります。図 6.2 のようなクロスバー/メッシュ/トーラス構成、あるいは、それらを工夫して組み合わせたような Tofu、Dragonfly といった構成（**ネットワークトポロジー**）が使われています。こうした構成を組む場合には、図からもわかるように、各演算ノードが多数の NIC をもっていないといけないので、本書で使ってきたような初歩的な拵え物では不可能です。商用スパコンが高価な要因としては、このあたりのネットワークトポロジーに関する工夫と特殊な拵え物がカネを食っているという側面があります。

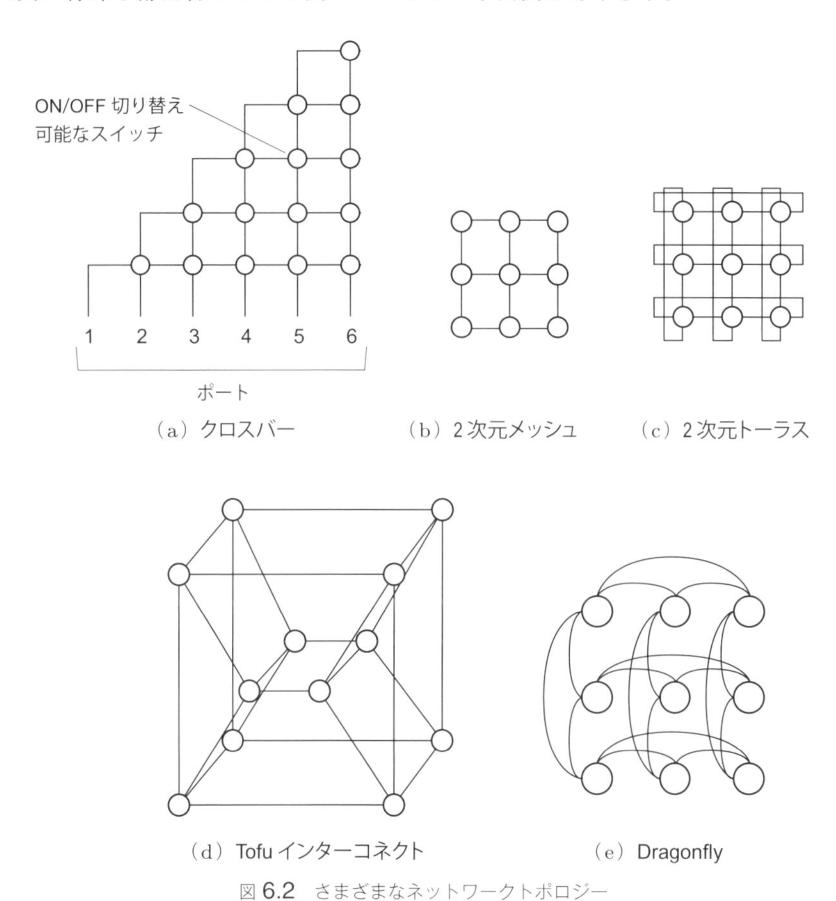

図 6.2　さまざまなネットワークトポロジー

6.1.2　ネットワークスイッチの押さえどころ

5.4.2 項では、共有ファイルシステムを利用するとスイッチが律速となり実行速度に遅延が生じることを見ました。これは入力読み込みや出力吐き出しがネットワークスイッチを経由するため、その転送速度がネックとなって生じた遅延でした。本書では 1 GbE [*1]のハブを利用しましたが、2017 年現在では 10 GbE のハブがアマゾンで 30 万円（24 ポート）ほどで入手可能なので、筆者グループでは、これを利用し大幅に性能を向上しています。筆者グループの所属機関では、構内回線はすべて 10 GbE なので、ファイルサーバと演算サーバを別建屋に設置しても、床から生えている 10 GbE 回線を 10 GbE スイッチに直接接続することで、ファイル転送での遅延はほとんど生じません。5.4.2 項で比較対象とした「共有ファイルシステムを利用しないローカルディスク利用」での計算では、ネックとなるのが「ノード内でローカル HDD を接続している SATA(6 Gbs)」なので、10 GbE スイッチを利用すればスイッチ経由による遅延ネックは解消してしまいます。

なお、10 GbE ハブを利用したところで、マザボ側の NIC が 1 ギガビット対応のものであれば、ここがボトルネックになりますから速度向上は叶いません。5.5.1 項で外付けギガビット NIC（数千円）を利用しましたが、これに替えて 10 GbE の NIC を利用します。これもアマゾンで購入可能で、取り付け方は 1 GbE の NIC と同じです [*2]。なお、2017 年現在、10 G の転送速度からさらに進んで 100 G の転送速度を実現するスイッチが数 100 万円程度で購入可能となってきており、研究室や事業所レベルでも極めて高速なノード間並列性能を自作で達成できる状況が整いつつあります。

自作クラスタを通じて、データ転送速度の話題に自然に親しむこととなったので、ご自身の周りの無線 LAN 機器、構内 LAN 有線回線、現在の USB 機器接続などのデータ転送速度がどれくらいのスペック値となっているか、ぜひ、この機会に意識しておくのがよいでしょう。また、先述した ping コマンドでの返り値を使って、簡易にデータ転送速度を実測算定することも可能です。ググると方法がわかりますのでぜひ試してみてください。

＊1　1 ギガビット・イーサと読みます。

＊2　2015 年には 1 枚 5 万円くらいだったのが、翌年には半額くらいに落ちていましたので、もっと価格低下が進むでしょう。

6.2 演算ノードを最適化する

6.2.1 デーモンの制御

Ubuntu など通常の Linux ディストリビューションは、個人用の PC に使われることを前提に配布されているので、メールやプリンタの利用など「演算サーバには関係ない機能」の利用を前提としています。メールやプリンタを利用する場合、元来ならばサーバ上で、これらサービスに呼応するプロセスを開始してバックグラウンドで走らせておく必要があります。こうした「明示的に意識することなく裏で走らせておくプロセス」のことを**デーモン**（妖精というような意味です）と呼びます。個人用 PC のディストリビューションでは「ほとんどのユーザはこれらを利用するだろう」という前提で、演算サーバには不要なサービスデーモンがデフォルトで走っており、システムに大なり小なりムダな負荷をかけているものです。そこで、こうしたデーモンを探し出してキチンと切っておくことで、ノード性能を若干でも高めることができます。

5.5.4 項で「sysv-rc-conf」を apt-get で導入しましたが、これは「デーモンを管理/制御するコマンド一式」です。「sudo sysv-rc-conf」と叩くとデーモンの管理画面が立ち上がるので「q」と打って抜けてみてください。そうしたら、もう一度、上記のように叩いて立ち上げてみてください（→図 6.3）。最初に縦方向カラムに「acpid, alsa-utils, ...」と表示されているのが各種サービスデーモンで、水平方向には「1,2,3,4,5,0,6,S」と項目があり、この各々の「モード」に対して、各種デーモンがオンになっていれば [x] と表示されています。オン/オフの切り替えは「カーソルを当該位置にもってきた上でスペースキーを叩く」ことでできます。上記の「モード」については後述します。

```
SysV Runlevel Config   -: stop service  =/+: start service  h: help  q: quit

service      1     2     3     4     5     0     6     S
-----------------------------------------------------------
acpid        [ ]   [X]   [X]   [X]   [X]   [ ]   [ ]   [ ]
alsa-utils   [ ]   [ ]   [ ]   [ ]   [ ]   [ ]   [ ]   [X]
anacron      [ ]   [X]   [X]   [X]   [X]   [ ]   [ ]   [ ]
apparmor     [ ]   [ ]   [ ]   [ ]   [ ]   [ ]   [ ]   [X]
apport       [ ]   [X]   [X]   [X]   [X]   [ ]   [ ]   [ ]
avahi-dae$   [ ]   [X]   [X]   [X]   [X]   [ ]   [ ]   [ ]
bluetooth    [ ]   [X]   [X]   [X]   [X]   [ ]   [ ]   [ ]
brltty       [ ]   [ ]   [ ]   [ ]   [ ]   [ ]   [ ]   [X]
bumblebeed   [ ]   [X]   [X]   [X]   [X]   [ ]   [ ]   [ ]
console-s$   [ ]   [ ]   [ ]   [ ]   [ ]   [ ]   [ ]   [X]
cron         [ ]   [X]   [X]   [X]   [X]   [ ]   [ ]   [ ]
```

図 6.3 「sudo sysv-rc-conf」と叩くと現れるデーモンの設定画面。カーソルを合わせてスペースキーでオン/オフを切り替えることができ、不要なデーモンを切ってサーバの負荷を軽くすることができる。

デーモンリストのなかに「cups」というサービスを見つけることができますが、これはプリンタに関するサービスですので、すべてのモードに対してこれを切っておきましょう。また10番サーバから92番のファイルサーバにsshでログインしてみて、同様にsysv-rc-confを立ち上げると、そこにはnfs-kerne$というサービスデーモンがあるはずです。これはNFSファイルサービスに関するデーモンなので、少なくとも、モード3とモード5についてはオンになっていることを確認してみてください。ここがオンになっていれば「nfsのデーモンは**ランレベル**3と5に対しては起動時に自動的に立ち上がる」ということになります。

6.2.2 ランレベルの変更

前項では「ランレベルというモード」が現れました。これについては「ランレベル」のWikipedia記載から詳しく知ることができますが、これもざっといって、「ランレベル5」がLinuxのGUI利用（今はこちら)、「ランレベル3」が黒画面利用という理解でよいでしょう。ただ、正確にはディストリビューションにより異なっていて、CentOS系のディストリビューションの場合、大方、上記の理解で正しいのですが、今利用しているUbuntuには次のように若干該当しない部分があります。

GUI利用では、ムダにメモリを食ってしまって、演算ノードとしての性能を損ねるので、演算ノードはいわゆる「黒画面」で運用するのが普通です。これは、適宜/etc/以下などにあるシステムファイル中の記載を変更・再起動して「デフォルトのランレベル5を3に変更する」という作業で実現できます。CentOS系の場合、その手順をググって見つけることができますが、2017年現在、Ubuntuのほうは、あまりランレベル3での運用を想定してないようで、決定的な手順を見つけることができません。いずれにしても「黒画面にして演算ノード性能を最適化したい」ということだけは覚えておいてください。

大型商用機の場合には、デーモンやランレベルはもとより「OSが演算性能を低く出させない」よう徹底してチューニングがなされていて、このあたりも商用機の付加価値となっています。

6.3 ファイルシステム

6.3.1 ファイルシステムの分散処理

本書では、共有ファイルサーバにシンプルなNFSファイルシステムを利用しましたが、たとえば64コア並列処理でファイルサーバに同時読み書きが生じるような計算を行うと、読み書きのための通信がファイルサーバに集中してしまう結果、ファイルサーバの処理能力がネックとなって性能が伸びなくなってしまいます*1。このような場合、「ファイルサーバへのアクセス負荷を並列分散処理して、性能の行き詰まりを解消する」という考え方が有効です。

「ファイルサーバの分散処理」に対する実装にもいろいろな流儀がありますが、現在ではLustre（ラスター）と呼ばれる実装がよく普及しています。サーバシステムによっては、サーバダウンが金銭や安全など危機管理上の大きなダメージに直結する場合もあるため（「**ミッションクリティカル**なシステム」といいます）、こうした場合には2重3重に堅牢なファイルシステムが必要となります。商用ファイルシステムは、こうした高信頼性を実現するために大変高価な拵え物となっていて、商用スパコンなどにも、こうしたファイルシステムが採用されているため、ここも値段がかさむ箇所となります。

tips ▶ 筆者の所属機関では、情報基盤センターが機関の責任において、何ペタバイトにも及ぶ大規模で堅牢なファイルサーバを運用し、事務系/教務系の情報も含め全学にサービスを提供していますが、東日本大震災の折には大規模堅牢なシステムを活用して、東京都のデータバックアップを行い表彰を受けたことがあります。

堅牢性をそこまで追求するのでなければ、Lustre自体は自作も可能です。構築法の詳細は割愛しますが、筆者のグループでは、本書の演算サーバと同じパーツ構成で、ファイルサーバやルータの作成と同じようなコマンド手順によって「4台のサーバで分散処理させたLustreサーバ」を、CentOS上で自作し2年ほど運用しておりました。当時は、演算サーバ16台（64コア並列）での並列計算などを大量に回しておりましたので、NFSからLustreへの乗り換えで性能は大幅にアップしたことを覚えています。その後は、あまり自作機でのノード間並列の機会も減ったため、再度NFSに戻しています。RAID箱*2を4箱連ねてLustreを運用していたのですが、いざ故障が生じたとき、こうした洗練されたファイルシステムの場合、逆に「どこにファイルが入っているか」が論理的に複雑に分散されていたりして、なかなか素人の手には負えなくなってきます。6TB程度のHDDは、1枚モノでも2万円程度以下に落ちてきましたので、あえてRAIDも使わず、シンプルなNFSにして、いざサーバ側で故障が生じても「このディスクに入ってるよね」と素人でも安心できるような運用に回帰しています。

6.3.2 ファイルのバックアップ

計算に利用した入出力ファイル群は、シミュレーション研究における重要な「実

*1 「NFS Lustre 比較」あたりでグーグル検索すると資料を見つけることができます。
*2 RAID技術については詳しくはググって調べるとよいのですが、ざっといえば、5枚ほどのHDDを挿すと容量が4倍となった「1台のファイルストレージ」として運用できるようなパーツです。

験記録」となりますから、これをキチンと長年にわたって逸失せずに保管することは非常に重要なことです[*1]。以下に述べるように、ファイルサーバの内容を2重3重にミラーリングして確保し、かつ、差分バックアップを常時走らせて、ある程度過去に遡って復元できるような運用を自作で構築することが可能です。

6.5.2 項に詳述しますが、自作演算クラスタの情報だけでなく、外部協働の利用も含め内外商用スパコンでの入出力ファイル保管を一手に集約させた運用管理を目指す場合、ファイルサーバの戦死（故障）は重大なダメージとなります。落雷による瞬間停電やルンバ来襲によるコンセント抜けはもってのほかとしても、自作機の場合、OS の入った HDD が故障してしまうことによるサーバ戦死は度々生じます。ファイルサーバが落ちたとき、すぐに復帰できるようにしておくことが肝要で、控えのファイルサーバを走らせておき、その内容が稼働ファイルサーバと常に同期させることで2重化しましょう。

ファイル同期には、先述した rsync コマンドを利用すればよいのですが、これを1時間おきの定期的に遺漏なく走らせる必要があります。このためには crontab という手法を利用します。これは、ある設定ファイルに「定期的に実行したいコマンド」とその頻度（何分おき/何時間おき/曜日おき/月おき）を指定しておくことで、cron というデーモンがその内容を自動実行してくれるというものです。ここに rsync を指定して「稼働ファイルサーバの内容をサーバ内の別 HDD、および、控えサーバの HDD にミラーリングしてバックアップ」を定期的に実行してバックアップを確保することができます。

ミラーリングバックアップは、本尊（本体）のファイル領域が死んでしまったときに即時に切り替えて使えるように、常に影武者を待機させておくというものです。ただ、この場合、本尊のサーバ上で、うっかりファイルを消してしまうと、バックアップファイル上でも同期によって同じファイルが消えてしまいます。うっかり消してしまったファイルを過去に遡って復元できるようにしておくことが必要で、このためにはミラーリングではなく、**差分バックアップ**をとります。「過去に遡って復元できるように」を実現するには、一番素朴には毎月毎月、その時点でのファイル内容をコピーして保管する方法が考えられます。筆者も昔、スキルがない頃には、このようなことをしていましたが、これだと保管すべきファイルの量がドンドン増えていってしまいます。そこで基準時点のファイル内容をバッ

＊1　実験系研究室では、研究ログをつけるのは「研究のいろは」に相当する基本事項ですが、元来、理論系から派生したシミュレーション研究分野では、どうもログ付けに対する意識が希薄な気がします。入出力ファイルは大型スパコンに置きっぱなしでリプレイスとともに逸失、あるいは、各所のサーバに分散してしまい、キチンと系統的に管理していない研究者が多く見受けられます。

クアップして、あとはそこからの変更分に関する記録だけをとって、これらの情報だけから各時点での全ファイルが復元できるようにする技術が差分バックアップです。Macユーザであれば「TimeMachine」という機能がこれにあたり、ユーザはとくに難しいことは意識しなくても、差分バックアップで過去に遡ったファイル復元が可能になります。

tips ▶ Mac の TimeMachine に相当する機能は当然 Linux にもあるはずで、自作を始めた当初は pdumpfs という方策を利用して、これを実現しようと試みたのですが、TimeMachine と違って HDD が一杯になると黙って止まってしまうので、気づかずに何週間もバックアップなしの状態が放置される事態が発生してしまいました。今から思えば、スクリプトを駆使して定期的に HDD 残量をチェックすればよかったわけですが、当時は、そうしたスキルもなかったので、それ以降は、Mac に接続した外付け HDD をファイルサーバと同期させ、この外付け HDD に関する差分バックアップを TimeMachine でとるというような複雑怪奇な運用をしていました。筆者らのスクリプト技術も上がってきたので、数年前からは ccollect というユーティリティを Linux 上にダウンロードして差分バックアップを行っています。

6.3.3 ファイル容量の管理

シミュレーションでは最終的な入出力ファイルのほかに、**中間ファイル**と呼ばれる嵩の大きなファイルが吐き出されることがあります。たとえば「可視化に必要な詳細な情報を一時的に吐き出す」、もしくは、数日かかる長いシミュレーションを短時間ジョブの継続計算として実行する際、再度計算をかける（**リジューム**する）ために、「途中経過に関するすべての中間量を引き継ぐためのファイル」などがこれに相当します。これらは入力ファイルさえあれば、その気になればいつでも再構成できるので、「研究ログ」として長年保管する必要はないものです。また図版として吐き出した画像ファイルや、ジョブの投入制御に利用したファイルも同様に長年保管する必要はないものです。

グループ内でファイル領域を提供し、複数名でこれを使っていれば、徐々に不要で大容量の中間ファイルが溜まっていき、容量はあっという間に膨らみます。5TB を超えると、後述のように何か事故があったとき、ファイル転送して復旧させるにも下手すると復旧までに1ヶ月を超えてしまう場合があるので、不要な大容量ファイルはこまめに削除し、また、終了したプロジェクトに関するディレクトリなどはキチンと中間ファイルなどの掃除をしたうえで、別の**アーカイブサーバ**に移して保管するなど日頃からのケアが重要になります。

ずっと昔に行ったプロジェクトにおいて、どんなディレクトリを、どんな目的で掘ったのか思い出して、容量を食っている犯人を探し出し消去するのは大変な骨

折りです。「**du -h**」といったコマンドを利用すると、各ディレクトリ以下のファイル容量を確認することができます。また**find**というコマンドの活用も重要なスキルです。これは「このディレクトリ以下にある、こういう条件をもったファイルを探す」というコマンドです。これにパイプで「**| xargs**（消去や圧縮などのコマンド）」とつなげることで、こうした掃除を効率よくこなすことができます。

筆者自作構築の

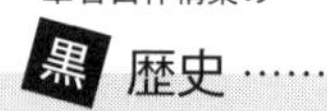

16―ファイルサーバの見直し

自作サーバ構築着手から6年程度経った、この時期（~2015年）に整備を見直したのが「要衝サーバの2重化」である。対外的な協働事案、とくに海外との協働増加において、ひとたび外部からのログイン環境が不調の憂き目に遭うと、安定な協働推進に著しく支障をきたす。自作環境においてはサーバ不調の頻発は不可避であるから、ルータやポータルサーバといった要衝、あるいはファイルサーバなど基幹サーバはすべて2重化しておき、不調があれば直ちに待機系に切り替えて、旧稼動系を再構築するよう体制を整えた。

肥大化したLustreファイルサーバの多重化にも一気に配慮が進んだ。この時期、しばしばLustreサーバが不調をきたし、待機系に切り替えて使っていたが、その待機系も不調に陥り、ファイルの復旧に手間取った。バックアップ体制は差分バックアップを用いて、2重、3重に整備していたつもりであったのだが、定期的な見回りにルール策定がなされていなかったので、気がつくと、3重化していたバックアップ機3台ともがすべて一週間以上停止していたという情けない状況が散見された。当時、グループに技術力がなく、差分バックアップにはMac/TimeMachineを用いていたのだが、Linux自作クラスタのファイルサーバ内容に、これを無理やり適用しようとすると機器構成が複雑となり、バックアップ稼働状況チェックも煩雑になるということで、学生と一緒に、ccollect（Linux上で動く差分バックアップアプリ）によるバックアップ体制を整え、Macからの脱却を図った。

上記のLustre故障事故については、いずれの待機系からも完全なバックアップを構築できず、数日間中のファイルが完全に失われる憂き目に遭った（2015年7月）。稼働Lustreを復帰するまでに1ヶ月以上を要し、さらに待機系まで含めてファイルを再度満たすまでに3ヶ月以上を要する事態となった。期待していたLustreの転送速度は、初回転送時にはmgsと呼ばれる「索引」を参照するため遅く、この時期の総容量7TB程度を転送し終えるのに1ヶ月以上を要することとなったため、待機系でのファイルのミラーリング同期保持が非常に重要であることを痛感した。事故の際に助けになったのはNFS待機系など「このなかにファイルが入っている」と明確にいえる機器構成であった。Lustreの場合、ファイルは分散保持されていて、一度故障すると「ファイルがどこにあるか」ということがいえなくなる点が手痛い。また、ネットワーク経由のLustreサーバ間ファイル転送は1ヶ月程度要する一方で、NFSサーバにストレージをSATAで直付けして転送すると3日程度で終了することが大変頼もしく感じたものである。

7TBもの容量を素人スキルで保持運用すること自体に見直しを迫られた。この時期には、単一HDDで3TBの製品も普通に登場していたので、稼動系は3TB以下とし、それを超える分についてはアーカイブ系に退避する運用ポリシーを徹底することとした。Lustreもそうであるが、RAID箱にもファイルが分散配置されていて、いざ事故が起こったとき、復帰という意味で、それほどその利点が活かされていないので、「複数HDDで単一ストレージに見せる技術」からの脱却を図るべく、ファイルサーバの減量化を推進することにした。待機系や差分バックアップなどの的確なバックアップ体制を確保すると同時に、いざ事故が生じたときにいち早く復帰できるような、常日頃からの「防災訓練」に注力している。

6.4 バッチジョブシステムの導入

6.4.1 バッチジョブとキュークラス

本書では「演算サーバの初等的利用」の範囲のみを扱ってきました。初等的利用というのは、「個別の演算サーバにログインして、そこでノード内並列をする、もしくは、近隣のサーバとノード間並列をする」というもので、ノード間並列をする際にも「どのノードを跨いで使用するか」は、都度、サーバ名などを用いて明示的にマシンファイルを用いて指定しなくてはなりませんでした（→ 4.3.1 項）。利用メンバーが増えてきたり、流すジョブが増えてきたりすると、「どこで計算が回っていて、どの空きノードを利用するか」の把握が大変な作業となり、このような初等的な利用法では立ち行かなくなります。

商用スパコンの場合、こうした**ジョブ管理**をするユーティリティが走っています。ユーザは「どのディレクトリにある、どのアプリを、何並列で走らせるか」、「その際の入出力ファイルは、どのディレクトリにあるか」、「そのジョブを、どの**キュークラス**に投入するのか」ということを指定した「予約票」（**ジョブ・サブミティング・スクリプト**）を所定書式に従って準備し、これをコマンドを使って提出（**ジョブ投入**）することで、順番待ち（**キュー/Queue**）をして順次計算を実行してもらうという形をとります。このような運用形式を**バッチジョブ形式**と呼びます（→図 6.4）。

キュークラスというのは「30 分までしか使えないし 64 コア並列までしか使えないけど、実行待ちでの優先順位が高く早くやってもらえるよ (TINY)」とか、

```
% qs
input cluster name
altix,ekei,cx250,mkei,jik,hster,xc40,youmono,buntu,unified,
c
214437.hpcc-con   tg_LPA_q1      aagam          01:22:35 R TINY
202688.hpcc-con   PbSC28         rmaezono              0 Q MEDIUM
213670.hpcc-con   rutil          rmaezono       889:10:5 R SINGLE
213788.hpcc-con   Nd             adie           1122:38: R SINGLE
214173.hpcc-con   01HPBCD        ornin          49:19:46 R SMALL
213779.hpcc-con   dna            hongo          1225:26: R SINGLE
```

図 6.4 バッチジョブシステムの利用では、「qs」といったシステムが提供するコマンドを叩くと、計算資源の利用状況が確認できる。筆者グループでは、各スパコン上での qs を遠隔から叩くようなスクリプト「qs」をラッパー（条件に応じて適切なコマンドを繰り出してくれるような条件分けで下位のコマンド発行を「包み紙」したスクリプト）として作成し、いちいち各スパコンにログインしなくても、「どの資源の利用状況を確認しますか？」を研究室ポータルサーバから照会できるように整備している。いろんなユーザ（rmaezono など）がいろんなキュークラス (TINY/MEDIUM/...) でジョブを投入している様子が確認できる。R となっているのが「走っているジョブ」、Q となっているのが「空きが生じるまで待機しているジョブ」となる。

「2,048 コア使えるけど、当然、大並列で高速化されるんだから、1 回あたり 12 時間しか使えません。走り出したら 12 時間で次の席に譲ることになるから、順番待ちでの優先順位はそこそこ高いよ (LARGE)」とか、「32 コアで 1 週間占有できるけど、長く占有するから、優先順位は低いよ (LONG)」といったいろいろな実行形態に対応する「各種受付窓口前の順番待ち (Queue)」のことを指します。ユーザは「オレのシミュレーションは並列度が高くなく計算も長いから LONG のキュークラスに入れよう」とか、「へへへ、オレのは大並列でスケールするから超ラッキー！　12 時間ジョブのリジューム（継続計算の繰り返し）で、高い優先度でバンバン回そう」などと戦略的に「どのキュークラスに入れるか」を決定します。

「オレの計算は 1 週間かかる」といって安易に LONG を使う人がいますが、もう少しキチンと勉強すると、リジューム機能を使って、24 時間以内のジョブを継続投入して「つなぎ」で実行することも可能だったりします。リジュームを使えない多くの初心者ユーザが、LONG の低い優先順位で 1 週間に 1 度回ってくる順番を待っている間に、キチンと勉強した者は、賢く「1 回の実行制限時間は短いが、より優先度の高いクラス」で繰り返し自分の順番を得て、計算をサッサと終わらせていきます。キュークラスの優先度設定は、「大型並列機なんだから、ちゃんと勉強して使ってね、走らせるアプリも、よく並列化効率あげておいてね」というシステム運用側からの意思表示でもあります。そういうわけで、スパコンのキュークラス設定では、機関によってはヘビーユーザグループ間の利権と目論見がぶつかり合って熾烈な攻防戦になったりもします *1。

6.4.2 自作クラスタへのバッチジョブ導入

自作クラスタにもバッチジョブシステムを導入することが可能です。筆者グループでも Torque という無料のバッチジョブ管理ユーティリティを導入し、いくつかのキュークラスを切って運用していました。バッチジョブシステムを使うと、「今、どこのノードが遊んでいて、すぐに利用可能か」を知ることができ、「どこでも空いているノードを見繕って並列資源を確保し計算を走らせる」こともできますし、あるいは、明示的に「このノードとこのノードで並列を組んで走らせる」ということもできます。ジョブを投入したり制御するコマンド群が準備されており、「ジョブを投げたが間違いがあったので取り消し」たり、「このジョブ番号の計算は、どこのディレクトリに入出力ファイルがあるのか照会」したりといった

＊1 並列化やリジュームに関して利用技術の拙いグループの「居丈高な大教授」なんかがいると、折角の商用大規模並列機に「何のために高いカネ払ったの」といいたくなるような、「シングルノード/長時間占有」のキュークラスなどができたりして、他機関から笑いのタネにされてしまうようなこともあります。

ことが可能です。Torque の導入についての詳しい説明は省きますが、他の Linux ユーティリティの導入と同じく、コマンド操作とテキスト編集で導入/設定できます。Torque を利用するには、各演算ノードにもあらかじめ Torque を導入しておく必要があります。つまり 2.6 節に述べた演算ノード構築手順に追加事項を施す必要があります。

本書での初等的構成では「ルータを叩くと演算ノードに跳ぶ」というポートフォワーディング設定を述べましたが（→ 5.5.5 項）、筆者グループでは「Torque による制御ノード（Torque サーバ）」を別途 1 台設置して、このサーバにもファイルサーバをネットワークマウントさせておき、ルータからは Torque サーバにログインするように設定していました。ユーザは Torque サーバ上で「マウントしてある作業ディレクトリ」に移動し、そこからバッチジョブを投げるという利用形態をとっていました。過去形で書いたのは、現在は後述する「さらなる統合運用」（→ 6.5.2 項）を行っているからです。

「自作サーバへの Torque 導入」の必然性として何よりも重要なのは、「ユーザが寝ている間でも自動的にドンドン計算が進んでいく」という点にあります。たとえば 48 コア並列のスロットが 4 スロット利用できるとして、いろいろに変化させたパラメタに対する 48 コア計算を 100 本、順次計算していくといったことを考えます。本書の範囲での構成だと、ユーザは投入した計算の終了を手動で確認して（アウトプットが正しく吐かれているかなど）、その後に手動で次のジョブを投入しないといけないですが、バッチジョブシステムがあれば、100 本分、先にジョブを投入して積んでおけば、自動的に順次計算を処理していってくれます。たとえば前の計算が夜中の 3 時に終わったとしても、ユーザが寝ていたら、そこから翌日オフィスで作業するまでの時間、**計算機は遊んでしまう**わけですが、バッチジョブならば「終われば即、次のジョブ投入」という風にせっせと計算機を働かせることができます。

tips ▶ 筆者グループでは、たとえば一つの系に対して、計算 01（初期推定生成）、計算 02（その初期推定を数値最適化）、計算 03（数値最適化されたものを利用して統計蓄積）といった一連の作業を行うような場合が多いのですが、この場合にも「計算 01 の出力をリネームして別ディレクトリを掘って退避させ、その中間ファイルを計算 02 の入力に加工し、input ファイルの文字列を置換したうえで、計算 02 のジョブを投入」といった定形作業をスクリプトに仕込み（script_A とする）、また、バッチジョブの進行状況（どのジョブ番号のジョブが実行中で、どの番号のものが終了したか）を確認するためのコマンドを 10 分おきなど定期的に叩いて情報を捕捉するようなスクリプト (script_B)、ジョブを投入して、そのジョブ番号を捕捉するスクリプト (script_C)

などを準備し、これらスクリプトを組み合わせて、計算01から03までの計算も**寝ている間に自動的に進む**ような運用をしています。

6.5　スクリプトで徹底管理

6.5.1　バックアップやログインサーバの死活管理

自作クラスタは安価ですが、所詮、素人の拵え物です。当然、堅牢性は低いので、サーバは比較的高い頻度で故障をきたします。筆者グループのファイルサーバは学外の共同研究者も利用していますので、そこが「バックアップはチャランポランかつ、しょっちゅうサーバが止まってる」では信用を失います。ログインルータやファイルサーバはすべて二重化し、ファイルサーバも故障時の復旧が円滑にできるよう、2重3重にバックアップをとっています。このようにクラスタが複雑化してくると「このサーバはキチンと生きているか」、「バックアップは正しくとれているか」といった**死活管理**の点検項目も増えてきます。チャランポランな学生に任せておくと、数ヶ月もすれば「直すのも面倒、やり方も忘れてしまった」というゴミ屋敷状態が出現します。こうならないためには、日頃からキチンと点検を習慣化することが肝要です。

「黒歴史」のコラムにも書いていますが、日常管理のチャランポランな学生にとって、自作サーバ管理とは「現代における禅の修行」ともいえる側面があります。ファイルのバックアップシステムの構築方策を考えて、それを実装し動作を確認するところまでは「制作のアミューズメント性」もあって、皆、楽しんで取り組みますが、それから数ヶ月たって「バックアップ止まってるよ」という段になると、「そーいえば、そんなことしてましたね、どうやるんでしたっけ……」という話になりがちです。作るときは楽しいものですが、「その後もキチンと面倒を見続けること」が重要なのです。バックアップシステムの構築と継続的運用は、雑用と捉えるのではなく、自身に突きつけられた精神修養の機会だと思って取り組むと挑戦しがいがあり楽しいものです。

ここまでに度々現れた「起動したら自動的にサービスを開始する設定」、「バックグラウンドでデーモンを走らせておく」、「スクリプトを使って一連の定形コマンドを自動的に叩く」といった機能を組み合わせると、バックアップシステムやログインサーバの死活管理を自動的に行うことが可能です（→図6.5）。

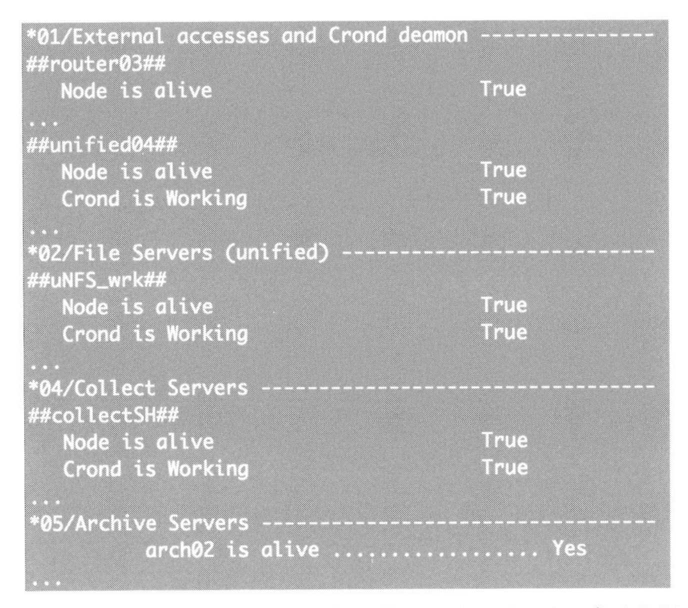

図 6.5 サーバ群の死活管理。筆者グループでは「inspect」というスクリプトを作成して、これを叩けば各種ルータやファイルサーバ、ポータルサーバなどがキチンと動作していることやバックアップが正常に稼働していることなどを確認できるようになっている。さらにこのコマンドは毎日定時に実行され結果がメールで送信されてくるように設定されている。

tips ▶ 筆者グループでは、朝と夕刻の 2 回、すべての点検項目が自動的に実行され、そのレポートがメールで流れてくるようになっています。点検項目は、「ルータからキチンとログインできるようになっているか」、「バックアップのデーモンは動作しているか」、「ファイルマウントは外れていないか」、「戦死してる演算ノードはないか」、「バックアップディスクは、あと何パーセント残っているか」といった事項にわたります。管理のスクリプト自動化をせずにサーバ管理をしていた頃は、いろいろな事故が生じました。「どのようなデーモンが自動起動になっているかが把握しきれない」という状況で、「知らぬ間にファイルマウントが外れている」ということが生じたとき、ファイルサーバを再起動すると、「マウントが外れて中身が空になったディレクトリ」でバックアップがたちまち上書きされてしまい、6 TB ものファイルがあっという間になくなってしまったことがありました。幸い、数日前の内容は別途確保されていたので、これをリストアすることができたのですが、それとて Lustre のファイルシステムで組んであったため、「とにかく HDD をノード内に直付けしてすぐに復旧」ということは叶わず、ネットワーク経由でリストアするしかなく、ファイル転送に 1 ヶ月以上かかったという失敗がありました。

6.5.2 ジョブ投入周りのスクリプト整備

研究グループから利用できる遠隔計算資源が複数ある場合には *1、最も素朴な利用の仕方として、「入力ファイルを各スパコンに転送しては、毎度スパコンにログインしてジョブ投入を行い、必要に応じて、都度、ファイル転送して結果を引き上げる」といったような利用が想定されると思います。そうすると「あのファイル、どこのスパコンに置いてあったっけ？」、「あのスパコンにログインするためのIPアドレスは何だっけ？」、「このスパコンのジョブ投入コマンドってqsubだっけ？　jsubだっけ？」、「このスパコンには、どんなキュークラスがあって制限時間何時間だっけ？」といった情報を、その都度、**ノートをひっくり返して思い出さねばならない**ということになります。

シミュレーション分野の手法の一つに「ベキ法」という概念があります。0.10と0.11といったわずかな違いでも、これを何百回、何千回という繰り返しで掛けていくと、違いが積み重なって「たった0.01の違いでも、より値の大きな『0.11』はまず実現されないようにして、最低値を拾い出す」といった仕掛けを利用するものですが、これと少し似たような話で、作業にわずかでも「面倒だなぁ」と思う「ちょっとした段差」があると、多忙の日常では「まあ、いいや、今度にすっか」となって**未来永劫やらなくなってしまう**という側面があります。先に述べたgrep/sed/awkといった利用法も、どんなにノートにキレイに利用法をまとめてあっても、どこかで暗記する努力を払わない限り、「あぁノートに書いてあるんだがなぁ、ノートどこだっけ？　ま、いっか、矢印キーとカーソルでやっちゃおう」という話になり、いつまでも利用が定着しないものです。

各所に分散した計算機資源の利用でも、その両方を「いちいちノートをひっくり返して思い出す」ということをやっている限り、いつかは「あぁ、そーいや、あそこに計算機あったなぁ」と、クモの巣が張る状態に陥ってしまうものです。こういうことを回避するために、スクリプトを活用するという方法があります。筆者グループでは、グループのポータルサーバから、「`toss -q altix`」とすればAltixというマシンに、「`toss -q jik`」とすれば「実験棟に置かれた自作クラスタ」に、「`toss -q xc`」とすればXC40というマシンにジョブが投入されるよう、機種依存性を吸収した「toss」というスクリプトを整備しています *2。ベタにやるならば、「各スパコンにログインし、各システム所定のジョブ・スクリプトをエ

---

*1 筆者の所属機関には4台ほどの商用スパコンがあり、かつ、それぞれ異なる遠隔サーバ室に設置した自作並列クラスタ機もあり、京スパコンや米国のスパコン、東北大などの共同利用スパコンにもアカウントをもち、様々なプロジェクトごとに適したスパコンを利用して研究を進めています。

*2 スクリプトのオプション機能（-q）をもたせたり引数（XC40など）をとらせるように作ることも可能です。書き方はググるとわかります。

ディタで作成し、それをシステムごとに異なるジョブ投入コマンドで投げる」ということをするのですが、上記の「toss」コマンド＊[1]が、機種依存のジョブ・スクリプトを作業ディレクトリ内に自動的に生成し、その作業ディレクトリまるごと、遠隔の各計算機資源にファイル転送し（**ステージング**という）、各計算機資源上でジョブ投入コマンドを実行してくれるよう整備されています。同様の「**機種依存性を吸収したスクリプト群**」が整備されていて、ジョブの実行状況や、利用可能キュークラスの表示などが、「一つのコマンドを覚えておくだけ」でできるようになっています。toss コマンドを実行すると、「どの計算機資源にジョブを投入したか」に関する記録ファイルが作業ディレクトリ内に吐き出されるので、ジョブが終了していれば「fetch」というスクリプトを叩くだけで、投入先の計算機からグループのポータルサーバに計算結果が引き戻されます。このポータルサーバがマウントしているファイル領域は2重3重にバックアップされているので、大事な研究ログである入出力ファイルが各計算資源上に分散逸失することは避けられます。

6.5.3 その他のスクリプト

その他、サーバへの鍵認証登録、不要中間ファイルの掃除、アーカイブサーバへのディレクトリ移動、アーカイブサーバ間の同期、……といった思いつく限りの定形作業は「すべて便利なスクリプトを製作し、グループで保守管理して使用法を共有する」という徹底した体制構築を推奨します。スクリプトに至るコマンドパスやエイリアス設定も、メンバー個別に利用法が分散して忘却されないよう「.alias ファイル」は共通化し、Dropbox からのリンクにしてグループで共有保守できるような運用が可能です。

演算ノードでは度々 HDD などに故障が発生するので、パーツを取り替えて OS 再インストールといった保守作業が頻繁に発生します。その際のノード構築手順もスクリプト利用で大幅に自動化でき、人から人への引き継ぎもずっと容易になります。手順をスクリプト化して更新保守しておくことでミスを排除し、過去の教訓を忘却せずに確実に活かすことができます。このように、スクリプトには過去の失敗や経験からのフィードバックが詰め込まれており、「更新保守すべきグループの知的財産」となります。その意味でスクリプトは「現代の帳面」ともいえるものです＊[2]。

＊1 スクリプトはコマンドと同一視できるのであった（→ 3.4 節）。

＊2 ただ、あまりにスクリプトを自動化してしまうと、今度は著者自身でさえもなかで何をやっていたか自体を忘却してしまい、かえって保守効率は落ちることも経験しているので、自動化の中身が想起できる範囲でコンポーネント化し、ある程度の手順はマニュアルで行う体制を引き継いでいくことを推奨します。

本章のまとめ

本章では、自作クラスタを効率的に管理運用するコツや関連する諸概念について述べました。

- **ネットワークの構成**
  ネットワークスイッチをカスケードにつないで演算ノード台数を増やすことができる。自作クラスタと商用スパコンではネットワーク構成の違いがある。

- **演算ノードの最適化**
  不要なデーモンを切ってシステム負荷を減らし、サーバが演算に傾注できるよう調整を行う。

- **ファイルシステム高度化への余地**
  並列台数が大きくなって、多数の演算ノードからファイルサーバへの読み書きが同時多発するようになると、ファイルサーバへの負荷が集中し、NFS など従前のファイルシステムでは性能が伸び悩むようになるので、Lustre など別のファイルシステム利用検討を開始する。

- **ファイルシステムのバックアップ管理**
  シミュレーションに用いた入出力は貴重な研究ログと心得て、常に不要なファイル削除を心がけ、ミラーリングや差分バックアップを使い分けて盤石のバックアップ体制を敷く。

- **バッチジョブシステムの導入**
  ジョブを積み上げて順番に処理してもらう予約システムを導入することができる。計算機が遊ばず絶え間なくジョブを実行し、夜中寝ている間にも次々とジョブが処理されていく高い稼働率を実現することができる。

- **スクリプトによる管理**
  サーバの死活管理からジョブ投入周りまで、なるべくスクリプトを有効活用して「いちいちノートを探し出して手順を探し出す」必要を回避する。スクリプトは「現代の帳面」である。

7章 サーバに「クモの巣を張らせない」ために

6章までで技術的な教程は終了となります。本章では「あとがき」に代えて、筆者が「グループの自作クラスタにクモの巣を張らせず、利用を定着持続するため」の要となる人材確保/人材誘導の側面について話題を展開します。

7.1 サーバ運用上の本当の要は人材確保

サーバ構築には一定のアミューズメント性/チャレンジ性があり、読者自身がそうであるように、初学者であっても「挑戦してみようと思う人」を確保するのは比較的容易なものです。問題は、**出来上がったシステムの継続的管理をする仲間や部下をどう確保するか**にあります。コラムにも触れましたが、大学の情報系学科であっても、Linux運用に自信と興味があって「取り組ませてほしい」と自ら手をあげてくるような学生が「切れ目なく続く」ということはほとんど期待できません。本書で想定している読者層は「シミュレーションが主務ではない実験系研究室」や「産業応用でシミュレーションに着手する事業グループ」ですから、サーバ管理人材の継続的確保は余計に厳しい問題です。「すでに稼働しているサーバ管理を共に愉しんで進めてくれる後進の参加メンバーをいかに取り込むか」が**実務上の一番の要**であると考えています。

7.2 運用人材確保難は「考え方の変革」で緩和できる

筆者グループで、この要がキチンと機能するようになった転機というのは、運用リーダーである筆者自身（置き換えて考えれば、読者のあなた）の「考え方の転換」にありました。通常のメンバーが「サーバ管理に積極的に関わりたくない」と考える理由は何でしょうか？　直接的には「現在もっているスキルがほぼゼロ」という本人の不安には違いないのですが、なぜそれを「積極的に挑戦して学ぼうとしないのか？」、そして運用リーダーはなぜ「それを学んで携わってもらうことを強く推せないのか？」を掘り下げていくと事情が見えてくるものです。グループの「ミッション本務/サポートのサブ業務」という切り分けが頭にあると、どうしても、「後者を『お願い』する後ろめたさ」が生じてしまい、「サーバ管理人材の切れ目ない確保」が難しくなっていくものです。運用リーダー自身が「考え方の転換」を行い自らを納得させることができれば、自信をもってメンバーにサーバ管理を必修化することさえ可能です。教義となる柱は二つほどあって、

（1）ライバルを意識せよ
（2）ICT 技術は将来の指導者層が学ぶべきコンセプトの宝庫であると心得よ

といったことになります。

7.3　ライバルは普通に使っている

「天は二物を与えず」という「能力の保存則信仰」の弊害で、自身の領分を規定してしまい、「専門外」という免罪符で「領分を飛び出して挑戦しよう」としないという弱さは誰もがもっているものですが、世の中、往々にして「できるやつは何でもできる」[*1]というところがあります。「自分は実験主務だから」といって、ノートに書き取ったデータをマウス/キーボードでエクセルに一つひとつ入力しているその瞬間にも、内外のライバル研究者/企業技術者は、自動化スクリプトを構築して 10 倍以上の効率でデータ処理やログ管理を行っているものです。とくに中国/米国など海外との競争を意識する場合、「能力の保存則信仰」などもたない人々の存在を意識すべきです。向こうは「ICT 技術は情報系を出た人たちの専門」などとは考えず、生活スキルの一つと捉えて便利に使いこなしているものです。

tips ▶ 筆者の主務となる電子状態シミュレーションは普及を遂げて、今では筆者グループに「実験主務の産業技術者」や「実験系研究室の学生」が多く短期滞在で学びに来るようになりました。大多数が「コンピュータ利用の経験が薄くブラインドタッチができない」という層ですが、メールの「全員に返信/送信者に返信/Bcc」を使わない/知らない、メールのフォワード機能も設定しない（「こっちに届いたメールを確認するのを忘れてました」など）といった、「もっと生活能力を高めたほうがいい。もったいない！」と思うような学生層がかなりいます。テキストで吐かれている実験データを、その都度「カットアンドペーストでエクセルに貼る」というような手順は、

＊1　昔、小 6 の担任だったナガタ先生が「算数の成績が上がった子は国語の成績も上がってる」と講話で述べたことが筆者に大きな影響を与えました。

awk/grep/sed あたりをマスターすれば、「ずっと効率も上がり、その分、主務の実験にウンと頭脳を割けるのに……」ということで、これら学生層には「絶対損はしない。人生の効率が 8 倍は上がるから！」と有無をいわさず、スパルタ式にコンピュータ利用技術を仕込むよう教育しています。

筆者自身がそうだったので、情報技術に尻込みする層のマインドはよくわかるのですが、メールサーバだ、Dropbox だ、テキスト処理 (awk/grep/sed) がどうだという話を、「情報系の専門知識。自分は専門じゃないので……」と捉えてしまっているところがあるのです。これは、ただの利用技術、慣れで習熟する話で、生活能力の一つといってもよいものです。筆者グループでは、スパコンのジョブ投入やサーバの管理、awk/grep/sed を使いこなした出力データの可視化などは、パート主婦の研究補助員が実によくこなしてくれていますが、この方々は決して「情報系の専門」を出た人々でも「コンピュータ好きのマニア主婦」でもなく、地元の英文科などを出て経理や書類事務の職歴しかもたない方々です。本書の内容は「Windows と Office アプリしか利用経験のなかったパートさん」たちが数ヶ月でマスターしている「ただの利用技術」なのです。

本書の内容を「本務と関係ない、自分を伸ばしてくれるわけでもない業務」と捉えられてしまってはメンバーを取り込むことはできません。本書の内容を決して「情報系の専門」と捉えることなく、「海外のライバルなら実験系だろうが、とっくに使ってる利用技術」と意識してもらえると、メンバーもずっと興味をもって積極的に取り組んでくれるはずです。

ここに述べた「意識」はまだまだ実験系グループに十分に浸透しているわけではありません。一方、従前のシミュレーション技術と **AI（人工知能）技術との融合**が怒涛のごとく押し寄せており、「ICT 技術に疎い」ことに対する焦り/不安も徐々に広がりを見せています。だからこそ、「疎い奴らが大半なら、『一つ抜きん出る』のは今！」ともいえます。筆者グループでは、この数年で情報科学系よりも材料科学系の学生比率がぐっと増えてきていて、世代的にもタイピングができない/コマンドラインのコンセプトも未定着の学生参入がほとんどとなっていますが、上記のような意識変革を説くことでサーバ管理人材の確保は逆に年々強固になってきています。

7.4　指導者層にとってはコンセプトの宝庫である

「本務と関係ない、自分を伸ばしてくれるわけでもない業務」という意識が困難のネックにありますが、とくに「優秀で意識の高いメンバー層」こそ、これがネックとなり動かしにくいものです。筆者自身が（優秀ではありませんでしたが）、凝り固まった考えをもっていた当事者でしたのでよくわかります。この、「ICT に今ひとつ気が向かない理由」の深層とは何でしょうか？

「高等教育機関における工学教育」というのは「Engineering」ではなく「Science in Engineering」なのであって、「その時々の技術の利用手段を教える技術訓練教育ではない」という考え方があり、筆者は十代の頃からこれを強く意識して育ってきました。コンピュータ技術と表裏一体の情報処理系科目を今ひとつ好きになれずに、苦手意識で凝り固まってきたのも、何となく「今の技術に依拠した小さい話。数百年後にも活きる普遍性を学びたい」という偏見が影を落としていたようにも思います。

十代の自分に対して「今の筆者ができる抗弁/アドバイス」は何かを考えてみると、二つくらいあって、「甲：コンピュータ利用技術は、新しく、かつ、普遍的なソリューション・コンセプトの宝庫。まさにScience in Engineering」だということと、もう一つは（90年代には少しあたらないのかもしれませんが）、「乙：日常のコンピュータ利用技術なんてのは『専門』じゃなく『生活能力』なので、指導的社会人を目指すなら当然身につけよ」といったあたりかなと思います。

「生活能力」については上記に述べたとおりですが、「Science in Engineering」の側面については、「情報系でしか活用されない専門」といった狭い話ではなく、「大きな組織を運用するうえでのサイエンス」、「社会の指導的立場を目指す人間なら習得しておきたい管理コンセプト」という「マネジメントサイエンスとしての意義」をもつものだと考えています。

「Dropboxってファイルの実体はどこにあるの？　ネットと常時つながってないと使えないんじゃないの？」、「メールの受信サーバ/送信サーバって何？　メールは自分のPCが直接受信してるんじゃないの？」、「公開鍵認証って、どういう仕組み？　パスワード認証はわかるけど……」「ルータって、どういうもの？」といった事項は、そもそものコンセプトがわからないとなかなか定着しないものです。

普通に生活してきた身にとって、情報通信技術上の新しいコンセプトは、理解に一呼吸かかるものですが、一度理解してしまうと、これはコンピュータを使わない場面においても、たとえば「会社での組織づくり」や「情報伝達のルール作り」、「書類の保管/閲覧方法」などにも活用できる汎用的な考え方だということに気づきます。これらプロトコルは「インターネットで実際に稼働し、問題点がバグ出しされ、改良され運用されている体系」なので、こうした体系を知っている人がルールを作るのと、思いつきでルールを作るのとでは、あとで思わぬ齟齬が生じるか否かに大きな差が生じるものです。こうした意味では「社会のプロトコルづくりを担ってきた法学部出身者」に似た側面があるのではと感じています。インターネットが実用になる以前から通信工学のような科目で「情報通信をするには、こんな方式があって、こんな長短があるだろう」といった可能性議論はあったのですが、インターネット技術というのは、こうした可能性議論を超えて「人類が本当に世界規模で一般利用者を巻き込んで情報通信を実用稼働させている」という、一つの「人類の知」に相当する体系といえるものです。

tips ▶ 筆者グループではかつて、「自作クラスタ構築を題材にした情報科目教育」という内容で「高校で情報科目を担当する教員」を対象に合宿型シンポジウムを開催したことがありました。開催当時、高校では「情報」という科目が必修化されて数年経った時期で、教科書は整備されてはいましたが、高等学校の現場では「情報科目で何を教えるべきか、誰が教えるべきか、どう評価すべきか」が迷走しており、「パソコンが得意だからという理由で理科教員や数学教員が担当に回る」という状況でした。内容も担当教員によって主眼がバラバラで、「エクセルの使い方を学ばせる（技術科的）」であったり、「ネットワークリテラシやネット利用の危険さを教える（道徳科的）」だったり、「エクセルを使って、統計科学を学ぶ（数学科的）」だったりと、生徒からしても「何をどこまでやったら、勉強したということになるのか」が見えづらい科目という状況がありました。これに対して上記に述べたように「マネジメントコンセプト教育としての意義」が情報科目での一つの切り口になるのだという主張で、提案を行い採択されました。

情報通信技術は日進月歩で進むので、新しいコンセプトが怒涛のごとく出現します。一過性のものならば、「近頃は……」とボヤいていればいいのですが、日常社会に定着し人類の知として確実に継承されていくものですので、中等教育からキチンと押さえておくべき事項なのだろうと思います。新たなコンセプト習得は、高校の物理/化学/数学でも生徒が勤しむものですが、これら「十分枯れたコンセプトを学ぶ科目」と違って、情報科目の場合、下手をすると生徒よりも教員のほうがついていけないような側面もあるので、生徒の自信という意味でも面白い舞台を提供しているのかもしれません。

本書では、技術的詳細については「詳しくはグーグルで検索」として、ファースト・コンタクトとなるであろう「コンセプトの解説」に重点をおいた記載を心がけました。コンセプトさえ正しく伝われば、詳細はいくらでもググって調べられる時代です。「コンセプトを知る者」はいくらでも知識を掘り進めて知的活動を加速させ、「そもそものコンセプトやソリューションの存在を知らない人たち」との格差を拡大させていく時代といえます。

こうした意識をグループ内に徐々に浸透共有させてメンバーの興味をリードし、「サーバ管理は『自分たちを伸ばす修養』の教材である」と心から納得してもらう文化が定着すれば、グループへのサーバ導入/管理は盤石なものになろうかと思います。

付録

本書題材「CASINO」と他の実用アプリとの類似/相違点

本書では、並列計算での性能向上の仕組みや、その解析法を明確に描き出すため、題材として、極めて並列性能の良い算法構造をもつ量子拡散モンテカルロ法電子状態計算プログラム「CASINO」を用いました。この付録の前半では、このプログラムが何を解くシミュレーションで、どんな計算をしているのかについて、本書の理解に必要な最小限の事項をまとめました。

実務でそれぞれのシミュレーションアプリを実際に扱っている読者層にとっての関心は、「本書での題材アプリと自分のアプリで、どこが共通していてどこが違うのか」という点にあると思います。「並列化版が入手可能な商用アプリを自作環境で効率よく動かしてみたい」と考える場合、「どんな解法になっていて、そのどこを分散処理しているのか、そこに計算機の演算資源がどう使われるのか」という観点で自身のアプリを眺めてみることが肝要となります。後半の節では、本章前半で述べた「題材アプリでの算法と分散処理」を対比題材にして「**他のアプリでの解法とどこが共通していてどこが違うのか**」について述べていきます。

A.1　モンテカルロ法第一原理計算「CASINO」の算法と背景

電子状態計算が「何のためのシミュレーションを実行しているか」についての概略から話を説き起こすこととします。

A.1.1　物質材料科学の第一原理アプローチ

デバイスや素材産業での最基礎となるようなシミュレーション研究というのは、「元々の素材となる**化合物自体のエネルギー値を知る**」という極めて地味な営みです[*1]。たとえば、母体物質の一部の元素を、たとえば酸素や水素に置換した系のエネルギー値を知れば、母体のエネルギー値との差から「水素や酸素の滲み込みやすさ」の目安が知れるので、これは物質の酸化や脆化といった劣化をミクロに研究するうえで役に立ってくるといった具合です。

＊1　筆者も最初は「エネルギー値など知って何になるのだろう」と釈然としなかった覚えがあります。

物質のエネルギー値というのは、物質中のミクロな原子配置を与えれば「**方程式を解いて計算**」することができます＊1。「この基礎方程式をコンピュータで数値的に解くことで、物質材料機能をミクロから解明したり設計したりしよう」というのが**第一原理的なアプローチ**と呼ばれる研究分野です。90年台後半からコンピュータが爆発的に普及し廉価化も進んだため、「原子位置や種類さえ与えれば物質の性質が予見できる」というツールは産業界や実験研究者の間で一気に普及を遂げました。

A.1.2　第一原理計算での解き方いろいろ

「方程式がわかっていて、それをコンピュータで解けばよい」という極めて明確な問題設定はできたのですが、とくに電子間の相互作用が織りなす複雑な物理をなるべく正確にコンピュータで取り扱うことは非常に難しく、そのことをめぐって「第一原理分野の方法論研究者たちは100年弱、未だに努力を続けている」といっても過言ではありません。

この問題に対していくつかの主要な数値的アプローチが並立していますが、「固体系を含む大規模実用系で爆発的普及を遂げている**密度汎関数法**」と、「永らく分子科学分野で正確な解法として伝統のある**分子軌道法**」が大きな流れになっており、それぞれ、今では産業応用などにも便利に適用できる**有償/無償のパッケージ**が入手可能です。パッケージが普及すればするほど、これら従来手法で「難渋する問題」が洗い出され、代表的な問題には、表面/界面、スピン磁性、分子間力といった「次世代エレクトロニクスのキー要素」となる事項が含まれます。そこでクローズアップされてきたのが、第3の流れとなる**第一原理量子拡散モンテカルロ法**になります。

第一原理の基礎方程式は一種の微分方程式です。「微分方程式を解く」というのは、「左辺と右辺の等号を満たすような関数を見つけてね」という問題で、その解き方というのは「多分、こんな形になるんじゃないかな」と解の仮定形にアタリをつけて代入しその仮定の下でさらに解析を進めていくというやり方になります。結果の正確さは「仮定した形」の良し悪しに依存し、仮定形を複雑にすれば一般性を失わず「より正確な答え」になる一方、そんな複雑な仮定形では結局実用的には解けないというトレードオフが生じます。「何とか実用的に解ける範囲で、アタリを徐々に改善していこう」という方策が「分子軌道法」に相当し、一方、「単純なアタリでもその解が厳密になるように、方程式側での変換（方程式系のマッピング）はできないか」と逆転して考えたのが「密度汎関数法」といえます。

A.1.3　第一原理量子拡散モンテカルロ法での解き方

解くべき現象や方程式は同じでも、異なる算法アプローチを取れば別物です。その好例が、分子軌道法や密度汎関数法と対比した場合の量子拡散モンテカルロ法となります。

＊1　「量子力学のシュレーディンガー方程式」といいます。

微分方程式を解くのに「一般性を失わないウンと複雑なアタリをつければ正確だろうけど...」と述べましたが、複雑なアタリを「関数としては扱えない」ので、乱数を使って「関数の変数値」を大量に発生させて、関数を具体的な数値にして「方程式の等号を数値的に解いてしまう」ということをします。「個別の乱数数値例に対して解かれた大量の答たち（数値）」を統合して、「関数としての方程式を解いた」ことにするための技法が量子拡散モンテカルロ法によるアプローチといえます。「一般性を失わずに、より厳密に解ける」ことの代償として、「大量の具体的数値事例を発生させなければならないこと」、および、「答えが統計推定量として（「平均値」±「エラーバー」の形で）しか得られないこと」などがネックとなります。

統計計算というのは N 個のサンプリングを取ったとして、エラーバーが $1/\sqrt{N}$ でゆっくりとしか縮まらないので、計算コストがかかってしまい、永らく実用手法としては機能しなかったのですが、「乱数を用いた統計サンプリング計算」は並列化効率が著しく高く実装も容易なので、90 年代後半になって並列計算が「計算機の専門家」の手を離れて実用化してくると、徐々に手法実用化が加速し、2010 年代に至って何万並列という超並列計算が普及することで、「従来法を超える実用手法」として大きく注目を浴びることとなりました＊1。

A.1.4　第一原理量子拡散モンテカルロ法での計算の概要

第一原理量子拡散モンテカルロ法の着想と「立ち位置」を述べたところで、次に本書で必要となる最小限の実務事項について説明します。本書の範囲では、「『原子位置とそこに置かれた原子の種類』と『一般性を失わない割と複雑な関数形のアタリ』を入力として与えて『その物質系のエネルギー値』を計算するブラックボックス」としてパッケージを用います。ブラックボックスの出力として「系の基底エネルギー値の統計推定量」が「（平均値）±（エラーバー）」の形で得られ、これが標準出力ファイル out に吐き出されます。input ファイル中でユーザが設定量をいろいろと変えることができますが、本書の範囲では、「サンプリング点数 N をいくつとるか」のみを調整し、主に計算時間がどのように変化するかを調べます。計算実行時に mpirun コマンドで「何コアで計算を行うか」を指定して実行しますが、M コア並列で実行する場合、コアあたり「N/M 個のサンプリング計算」となるので、素朴には M 倍速く計算が終わるということになります。

プロ仕様の実務では、「一般性を失わない複雑な関数形」に対して、そこに現れる大量の係数などを具体的に決定する計算（変分最適化計算）を行って、さらには「計算を進めれば進めるほど、ドンドン厳密解に近づいていく仕掛けを施した計算（量子拡散モンテカルロ法による射影演算）」を実行していくのですが、今回はあくまでも「並列計算の性能評価用題材」なので、「すでに決め込まれた関数形」を使って、「射影演算は行わず

＊1　密度汎関数法や分子軌道法と同じく、第一原理量子拡散モンテカルロ法もプログラムパッケージとして整備され、本書で扱う「CASINO」のほか、「CHAMP」や「QWalk」、「QMCPack」や「TurboRVB」といったいくつかのパッケージが存在します。なお、筆者は「CASINO」の開発グループに博士研究員として滞在していました。

にサンプリング」という計算を実行します。射影演算が絡むと「コアあたりのサンプリング数」がダイナミックに変化するので（ブランチングといいます）、話が複雑になりますが＊1、射影演算をしない場合には、ある程度は明白に「M コア使えば、M 倍速くなる」といったことが期待できます（「Embarrassingly parallel（自明な並列性）」といいます）。

A.2　他のアプリとの類似点/相違点

A.2.1　自身のアプリを算法的観点から把握すること

本書では、読者層が取り組むアプリケーションとして、「電子状態計算/分子動力学/電磁場解析/流れや連続体の解析」といった「微分方程式で記述される現象記述シミュレーション」、および、ニューラルネットワークなど機械学習系のシミュレーションを想定しています。微分方程式記述の問題に対する主要なアプローチとしては、

（a）差分化などによる領域分割で扱う
（b）基底関数展開して行列演算に持ち込む
（c）変分汎関数形式に積分してモンテカルロ評価に持ち込む

といった方策の違いがあります。

自身が取り扱うシミュレーションの実現方法を考えるときに大切なのは「記述対象とする現象が何か」や「シミュレーションの背景となる理論が何か」といった「記述理論の観点からの把握」ではなく、「**解法がどれに属するか**」、「**計算処理をどこで分割し分散処理しているのか**」といった「**算法的観点からの把握**」を認識することです。たとえば、上記の量子拡散モンテカルロ法と密度汎関数法を比較すると、どちらも「記述対象とする現象 ＝ 物質中電子の量子力学的記述」で、背景理論はそれぞれ、多体波動関数理論、密度汎関数理論と異なりますが、ここが問題なのではないのです。

上記解法（a）〜（c）の分類において、

- 量子拡散モンテカルロ法を解法（c）で、サンプリング点数を分散処理して実行

するのか、あるいは、

- 「大方の」密度汎関数法を解法（b）で、逆空間上の格子点ごとの計算を分散処理して実行する

のか、というのが押さえるべき点になります。「大方の」と書いているのが重要で、同じ密度汎関数法であっても、

＊1　したがって並列計算研究上は興味深い対象となります。「ロードバランスの問題」といいます。

- 「一部の」密度汎関数法を解法（a）で、実空間の領域分割を分散処理して実行

するという実装もあります。したがって、並列シミュレーション屋の観点からすると、「大方の密度汎関数法」と「一部の密度汎関数法（実空間）」は同じ現象、同じ理論を扱ったものであっても、計算機という視点からはまったく別物のシミュレーションといえるのです。

A.2.2 どこで並列化されているかの把握が重要

本書で量子拡散モンテカルロ計算を題材に取り上げた一番の理由は、4.5 節で述べたスケーリング性能解析の理解に適しているためです。この算法が最も良い並列性能を示すので、これを理想極限として経験しておくことで、自分のアプリの並列性能がどれくらいの達成度に位置するかを実感することができます。もし読者のアプリがモンテカルロ算法を採用したシミュレーションである場合には、十中八九「モンテカルロ」という文言が謳われているはずですので区別は容易です。モンテカルロ算法の場合、分散タスク間の通信はほとんど生じない「Embarrassingly parallel（自明な並列性）」となるため、並列化実装に関するコンセプトや性能などは、本書で述べた内容とほぼ同様になります。

モンテカルロ以外の算法を用いたシミュレーションの場合には、4.5.5 項に述べたように、並列化性能のスケーリング性は大方、本書の例ほど芳しいものではなくなります。モンテカルロ法と大きく相違する一番の要因は、分散タスク間の通信がずっと頻繁になることです。タスク間通信の疎密は、各アプリが「計算処理をどこで分割し分散処理しているのか」で決定づけられます。「分散されたタスクの一つが、他コアで行われている他タスクの結果を互いに参照し合いながら自身の処理を進めなければならない」場合には、通信が頻繁になります。たとえば、フーリエ変換などのように「全領域を積分しなければ局所的な 1 点が決まらない」という算法構造の場合、各点各点を計算する分散タスクは、すべての他コアタスクを参照しなければならず、いわゆる「全対全通信」が頻繁に生じることになります。

並列化計算が普及し、各種商用アプリが並列版での性能を競う時勢となったことで、こうした「通信が頻繁な算法構造」を様々なトリックにより変更して「なるべくプロセス間の通信が疎になるような算法構造」がとられるようになりましたが、モンテカルロサンプリングのように「プロセス間で通信がほとんどないような処理分散化」は実現が難しく並列性能がモンテカルロほどは芳しくないということになります。ただ、こうした事項は本質的には**「プログラム開発者側の努力」に委ねられる話**で、本書が想定している「商用並列化版アプリのユーザ」が「本質的な性能改善」を図れる事項ではないということが重要なポイントです。

ただし「計算処理がどこで分割され分散処理されているか」を理解しておくことで、若干の性能改善努力を図れたり、あるいは、「まったく並列性能が活かされないような無意味な使い方」を避けることはできます。たとえば「逆空間の格子点数でプロセス分割

していて、格子点数が 8 点しかないのにこれを 16 プロセスで処理」といった使い方は「どこで分散処理されているか」を理解していれば避けることのできる「無駄な使い方」となります。また、領域分割でプロセス分割されているアプリの場合、ユーザが領域分割の仕方を指定できるのであれば、あまり相互に依存性のない領域で領域分割し、かつ、分割数をコア数資源の整数倍あたりに設定することで並列性能の向上をみることは可能でしょう。

A.2.3　本書題材からの相違と類似

モンテカルロ以外のアプリでは、大方、プロセス間の通信がより頻繁になりますので、通信速度の高いネットワークスイッチを使った場合の性能改善の伸びしろは、より大きくなるものと予想されます。性能解析の仕方は、本書の 4 章で述べたものと同じです。

モンテカルロの場合には、プロセス分割が明確で容易であったため、本書の範囲ではフラット MPI しか用いませんでしたが、「よりプロセス分割への切分けが難しいアプリ」の場合には、スレッド並列も積極的に併用されているかもしれません。この場合には、ネットワークスイッチのほか、利用するプロセッサが性能向上に与える影響もより大きくなる可能性があります。メニーコアのプロセッサや GPU を併用した演算サーバがスレッド並列性能向上の大きく寄与する場合があるからです。こちらについては適宜、「OpenMP/GPU/スレッド並列」といったキーワードで他書を参照するかインターネットで情報を収集されるとよいでしょう。

科学技術計算のシミュレーションアプリというのは、大なり小なり線形計算ライブラリを利用しているものです。その場合には、線形計算の並列化ライブラリを利用して、スレッド並列などで高速化を図っている場合があります。ご自身のアプリがこれに該当するかについても気にしておくとよいでしょう。

プロセス並列の場合には mpirun コマンドを用いた並列計算の実行方法は本書と同一で「`mpirun -np` X（プログラム実行形式のファイル名)」となり、X にプロセス数を指定します。スレッド並列を併用する場合には「`-x OMP_NUM_THREADS=Y`」といった「スレッド数を指定するオプション」を付して実行します。詳しくは「openmpi スレッド」で検索をかけると出てきます。

「**スレッド並列をどうやって利用するのか？**」については、「本書想定の読者層」（まえがき参照）の場合、「商用アプリがあらかじめ頒布しているコンパイル環境で、すでにスレッド並列化が仕込まれているので、焼き上がっている実行形式はすでにスレッド並列化可能バージョンとなっている状況」を想定しています。この場合、ユーザが調整努力を払うのは「計算資源をどうプロセス/スレッドに振り分けて性能を引き出すか」といったところになります。

たとえば、ノード内 8 コアの資源をもっている場合、「すべてをフラット MPI で 8 プロセス」にするのではなく「2 プロセス × 4 スレッドで使う」、もしくは「4 プロセス × 2 スレッドで使う」といった自由度が出てきます。ユーザがアプリのマニュアル推奨に従って、この自由度をインプットファイル内で調整し、本書に述べたスケーリング性能解析を行って、並列性能改善を図るということになります。

A.2.4 機械学習系のアプリの場合

機械学習系のアプリは「数値最適化と行列演算」が主体となります。「大量の学習データセットに対してパラメタフィッティングという最適化計算で『学習』を行い」、それらパラメタを用いて「入力データに対する行列重畳計算で出力を決定するという『予測』を行う」という構造です。

前段の「学習/最適化」に関する計算も、行列計算として実装されるので、分散並列処理としては、「大量の学習データセットをプロセス並列で分散処理（分散学習）」、「算法実装の中核となる線形計算部分についてはメニーコアや GPU を用いたスレッド並列で加速」といった方策となります。分散学習に関するプロセス並列については、TensorFlow などといった実装が精力的に開発されており、「分散学習 機械学習」といったワードで検索をかけるといろいろと知ることができます。モンテカルロ法ほどではないにせよ、強スケーリングで 7 割程度の性能向上が達成されているようです。

機械学習でのスレッド並列については、メニーコアプロセッサ開発の一つの大きな駆動力となっているほど盛んな話題です。演算実装のカーネルとなるのが、元来 GPU などの「線形計算専用プロセッサ」によく乗る算法であるため、公開ライブラリを利用することで、ユーザ自身はとくに「プログラムレベルでの調整」の必要なく、スレッド並列による高速化を享受することができるようになっています。

索引

著 者 略 歴

前園 涼（まえぞの・りょう）

1971 年	京都市に生まれる
1995 年	東京大学工学部物理工学科 卒業
2000 年	東京大学大学院工学系研究科物理工学専攻 修了
2001 年	英国 EPSRC 博士研究員（ケンブリッジ大学キャベンディッシュ研究所）
2001 年	独立行政法人 物質・材料研究機構 常勤研究員
2007 年	北陸先端科学技術大学院大学情報科学研究科 講師
2017 年	北陸先端科学技術大学院大学情報科学系 教授 現在に至る 博士（工学）

編集担当　丸山隆一（森北出版）
編集責任　藤原祐介（森北出版）
組　　版　藤原印刷
印　　刷　　同
製　　本　　同

自作 PC クラスタ超入門
ゼロからはじめる並列計算環境の構築と運用
© 前園 涼 2017
2017 年 12 月 15 日　第 1 版第 1 刷発行
2021 年 7 月 26 日　第 1 版第 3 刷発行
【本書の無断転載を禁ず】

著　　者　前園 涼
発 行 者　森北博巳
発 行 所　**森北出版株式会社**
東京都千代田区富士見 1-4-11（〒 102-0071）
電話 03-3265-8341 ／ FAX 03-3264-8709
https://www.morikita.co.jp/
日本書籍出版協会･自然科学書協会　会員
JCOPY ＜（一社）出版者著作権管理機構 委託出版物＞

落丁･乱丁本はお取替えいたします.

Printed in Japan ／ ISBN978-4-627-81821-7